版权声明

Psychoanalytic Complexity: Clinical Attitudes for Therapeutic Change by William Coburn

Copyright © 2014 Taylor & Francis

Authorized translation from the English language edition published by Routledge, a member of the Taylor & Francis Group.

All rights reserved. No part of this book may be reprinted or reproduced or utilised in any form or by any electronic, mechanical, or other means, now known or hereafter invented, including photocopying and recording, or in any information storage or retrieval system, without permission in writing from the publishers.

Copies of this book sold without a Taylor & Francis sticker on the cover are unauthorized and illegal.

保留所有权利。非经中国轻工业出版社"万千心理"书面授权，任何人不得以任何方式（包括但不限于电子、机械、手工或其他尚未被发明或应用的技术手段）复印、拍照、扫描、录音、朗读、存储、发表本书中任何部分或本书全部内容。中国轻工业出版社"万千心理"未授权任何机构提供源自本书内容的电子文件阅览、收听或下载服务。如有此类非法行为，查实必究。

"南嘉-万千心理"先锋译丛

Psychoanalytic Complexity
Clinical Attitudes for Therapeutic Change

精神分析复杂性理论
——治愈性改变的临床态度

〔美〕William J. Coburn 著

吴佳佳 译

中国轻工业出版社

图书在版编目(CIP)数据

精神分析复杂性理论:治愈性改变的临床态度/(美)威廉·J. 科伯恩(William J. Coburn)著;吴佳佳译. —北京:中国轻工业出版社,2021.10
ISBN 978-7-5184-3226-4

Ⅰ.①精… Ⅱ.①威…②吴… Ⅲ.①精神分析-研究②精神疗法-研究 Ⅳ.①B84-065②R749.055

中国版本图书馆CIP数据核字(2021)第136475号

总 策 划:石　铁
策划编辑:阎　兰　　　　责任终审:腾炎福　　　责任校对:万　众
责任编辑:阎　兰　王雅琦　责任监印:刘志颖

出版发行:中国轻工业出版社(北京东长安街6号,邮编:100740)
印　　刷:三河市鑫金马印装有限公司
经　　销:各地新华书店
版　　次:2021年10月第1版第1次印刷
开　　本:710×1000　1/16　印张:11.5
字　　数:112千字
书　　号:ISBN 978-7-5184-3226-4　定价:48.00元
读者热线:010-65181109,65262933
发行电话:010-85119832　传真:010-85113293
网　　址:http://www.chlip.com.cn　http://www.wqedu.com
电子信箱:1012305542@qq.com
如发现图书残缺请拨打读者热线联系调换
201119Y2X101ZYW

谨以此书致我逝去的父亲,以及一直激励我的儿子。

译者序

进入20世纪，我们不可否认地身处于一个技术发展日新月异的时代，一个物质选择极为丰富的时代，一个伴随急剧变化而动乱不安的时代……简而言之，一个比以往任何时候都更为复杂的时代。

对于心理工作者而言，在这样的一个时代，机遇与挑战就像一枚硬币的两面，互为因果。就机遇而言，心理治疗在过去几十年中前所未有地蓬勃发展。除了精神分析、认知行为治疗、人本主义等传统且主流的治疗流派，其他五花八门的治疗流派加起来共有400种之多。这一流派林立的混乱局面，使心理治疗从业者和来访者就流派选择的问题备受困扰，给心理治疗伦理带来巨大隐患，还给心理治疗法律法规的制定和完善带来实际操作上的困难。在过去30年中，心理治疗的疗效研究用实证数据证明了其有效性，但却无法充分证明哪一个治疗流派更有效。

作为一名心理工作者，面对琳琅满目的心理治疗理论流派和技术方法，我既"眼花缭乱"，感到兴奋，也"头晕目眩"，为此困惑。我该使用哪种理论？哪种理论是最好的？哪种理论最适合我？我必须对某一种理论取向"情有独钟"吗？如果我对几种不同的理论都"一见倾心"，又如何保持自己在理论上的忠诚和专业身份的认同？如果我采取折中的态度，使用不同的理论，又该如何平衡其截然不同的哲学基础？如果我采取"实用主义"的态度，将不同理论的哲学基础置于一旁，只"博采众长"地应用不同技术，又是否可能？想来诸如此类关于理论流派与临床实践的关系问题，困扰着不少心理工作者。

在理论取向上，我本人也并不是一个"专情"的人，在精神分析与系统家庭治疗之间"脚踩两只船"。回顾我在理论取向上的兴趣偏好，从经典精神分析入门，后来被客体关系流吸引，特地千里迢迢跑去英国，一心想要见识一下所谓"正宗"的客体关系精神分析；在客体关系各流派中，我又对费尔贝恩和温尼科特的理论情有独钟，之后发现两者的理论与科胡特的自体心理学"异曲同工"。近几年，我在理论喜好上的胃口变得更大了，开始不满足于传统精神分析局限于个体内在心理的视角，于是开始一方面在精神分析内部转向主体间性流派；另一方面，在精神分析外部转向系统家庭治疗、叙事治疗。在精神分析和家庭治疗这两只看似截然相反的大船之间穿梭摆荡，一开始难免有晕头转向、"认知失调"的时候。于是乎，为了化解自己在理论上的"忠诚冲突"，为了理清这两大流派之间的内在关联，我的理论兴趣点又转向了心理治疗整合之路。这正好契合了20世纪30年代左右兴起的"心理治疗整合运动"这一个大潮流趋势。

每个理论模型都建立在基本的哲学假设之上。而理论范式的转变反映了哲学范式的转变，涉及关于"什么是真实""什么是现实""人性意味着什么""人如何可能改变"等问题的理解视角的转变。正如Gehart（2016）所概括的，心理治疗理论流派的哲学基础大致可分为：现代观、人本观、系统观和后现代观。每个哲学基础又有其各自的哲学思想渊源。在澄清了我所感兴趣的理论流派的哲学立场后，我也终于恍然大悟——原来我的理论喜好看似"多情"，实则有个人所"钟情"的哲学立场，即后现代哲学范式。

不论是广义的关系精神分析，还是系统家庭治疗，都共享了后现代哲学假设，例如都反对还原论—机械论的实证主义，而转向注重体验性、情境性、文本性的建构主义。当然，后现代视角的转向并不是一蹴而就、一劳永逸的，而是一个循序渐进、持续演进的过程。若非常粗略地概括，就好比客体关系对经典精神分析而言是向后现代视角的过渡，主体间性对客体关系而言又采取了进一步的后现代视角；同样，早期以控制论、系统论、信息论为哲学基础的家庭治疗是对传统精神分析的"反叛"，而以次级控制论、社会建构主义为哲学基础的当代家庭治疗相比早期家庭治疗理论在拥抱后现代范式上又更进一步。当前，威廉·科伯恩（William J. Coburn）提出的精神分析复杂性理论则为整合关系精神分析和系统治疗的哲学基础提供了交会点；同时，也在后现代范式转向之路上走得更为深远，也更为融会贯通。

非常感谢徐钧老师的邀请，让我有机会翻译本书！对我个人而言，这是一个难能可贵的机会，帮助我更好地整合不同的心理治疗理论。结合我在翻译过程中的体会和收获，我认为精神分析复杂性理论为困惑于不同治疗理论流派的心理工作者提供了一个关于复杂理论的认识论基础、一个治疗态度的"元理论"、一个有关治愈性改变的"方法论"，以及一个治疗师进行自我反思的"元认知"。

精神分析复杂性理论

作为一个基于复杂理论的认识论，精神分析复杂性避开了后现代主义中更为激进的相对主义和解构主义，而倾向于更为温和的后结构主义。虽然建构主义、解构主义、结构主义、后结构主义同属后现代哲学思潮，认为每个人都拥有建立在个人与文化基础上的关于世界的认识，并在此基础上做出各种选择；但又各自有所侧重。建构主义专注于个体有机体的意义建构、信息的接收和解释方式；解构主义怀疑所有所谓的绝对真理，认为世界可以是任何东西，没有什么可确定性；结构主义和后结构主义则专注于通过各种实践和话语分析如何在文化中产生和再现意义。如作者所言，"精神分析复杂性是对精神分析范式和概念结构的逻辑扩展。……它直接反对当今许多传统精神分析和心理治疗方法的哲学及实践假设。在其后现代的基础上，我们更为习惯的世界观发生了深刻的变化，这一变化持续挑战我们对真理、现实、治疗关系以及广义上情感体验和情感意义起源等方面更令人舒适的基本假设。"

作为一个有关治疗态度的"元理论"，威廉·科伯恩在书中明晰了理论、实践和态度三者间的互动关系。"我们的态度自然影响我们的理论构建和理论选择，正如我们对特定理论的拥护反过来决定了我们的临床态度。……关于治疗行为的观点必然基于一系列假设和结论，涉及世界是如何运作的，什么是错误的并需要被改变，我们渴望什么，以及对人类个体而言痛苦意味着什么。换句话说，对这些基础问题（传统意义上，我们往往觉得已找到答案）的态度形成了精神分析和心理治疗中关于精神病理、心理发展、心理治疗、移情、防御、临床决策过程、临床关系轨迹的多重结论。"

译者序

面对心理治疗理论的多元主义、折中主义,以及整合运动,威廉·科伯恩为我们提供了一个"万变不离其宗"的基石,即回到治疗态度中,认识到态度在临床实践中的作用,认识到对治疗师所持的治疗态度进行自我反思的重要性。在本书的序言中,威廉·科伯恩言简意赅地指出,精神分析复杂性的核心全然关乎的就是态度!他说,"我们有必要探索采用这种精神分析复杂性观点所产生的内隐及显性态度,以及这些态度如何影响改变过程"。可以说,本书的核心内容围绕他提出的十大核心态度展开,分别是:态度1:持之以恒地尊重人类体验和个体的复杂性;态度2:我们永远嵌入在情境中,无法脱离;态度3:我们的历史、当前的状态以及所处的环境是体验的来源,其相互之间的关联永远含糊不清;态度4:自我催化与循环发生;态度5:非线性以及在现象学层面重视"感觉"的复杂性;态度6:拥抱认识论上的笨拙;态度7:区分交流的不同维度——现象学层面和诠释性/形而上学层面;态度8:关于个人处境、情绪责任、潜在的(有限)自由的难题;态度9:怀抱最基本的希望,即尽管我们可能无法具体设想未来会以何种形式呈现,但我们对想象中的更好的未来依然充满希望;态度10:坚持探求的精神/基于信任的诠释学,即怀着好奇和探求的开放态度,并对治疗中的惊喜和新奇表示赞赏。

作为一个有关治愈性改变的"方法论",精神分析复杂性理论将我们对人类复杂的适应性系统的理解,扩展至更为激动人心、富有挑战的方向。它清晰地揭示了情境在理解情绪生活和意义生成过程中持久而核心的作用,使我们的观念从教导病人(Freud, 1919)转变为向病人学习(Casement, 1992; Ferenczi, 1928; Kohut, 1984),现在又进一步转变为向动态的、流动的、不可预测的、我们作为其中组成部分的系统学习。威廉·科伯恩强调"治愈性改变必须被理解为是更大系统或多个系统特征的涌现"。与之相应的，"治疗关系不单单是一种'修通'或者'解决冲突'的方式，而应将其理解为一种扩展个体体验世界的基本资源，以呼应其历史、当前心理状态和环境对体验的不同定义，这将更有帮助。"在具体的方法论上，威廉·科伯恩区分了交流的三个维度：第一个维度是现象学描述，指的是一种基于感觉经验进行交流的层面，可以广泛地在各种相对表达状态之间变化；第二个维度是诠释性理解，适用于基于情境以不同方式塑造个人体验世界的各种组织原则，包括与体验世界的各方面相关的情绪意义；第三个维度，即形而上的/诠释性的假设，这个维度较少是内容性的，而更多是概念导向和过程导向的。在治疗实践中，识别和澄清这三个维度非常关键，"我们是在描述鲜活的情绪体验（在现象层面），还是在为理解该体验提出理论性的解释（在诠释层面）？如果缺乏这些方面的认识，我们在概念上就依然是含糊困惑的。"

作为一个治疗师进行自我反思的"元认知"，一方面，威廉·科伯恩为我们打开了有关复杂系统的认识。他澄清道："一个复杂的系统，指的并不是一个使人感到复杂或混乱的系统，或将世界体验为混乱的系统"，而是"一个以自组织、非线性、涌现、不可预测、不平衡和转换为指导原则的系统"。另一方面，他鼓励并敦促我们提升精神分析复杂性的敏感力，即"以谦逊的姿态对个体的复杂性、对每一对治疗关系、对我们刻骨铭心的知识的局限抱有深深的尊重"。

如果说，不论意识到与否，我们每一个人正难以避免地身处这个复

译者序

杂的时代和变幻莫测的世界，那么复杂性理论提供了认识复杂系统特征的一个工具，使我们在面对动荡混乱的"存在性焦虑"时，多了一份因澄明而来的接纳。而精神分析复杂性理论则在敞开、流动、变化的治疗情境中，为心理工作者提供了一个切实可行的方向；在面对临床实践中的慌乱与迷茫时，多了一个可着力的基石。

作为本书的译者，希望以上我个人在阅读和翻译本书过程中的体会和收获，能够引发读者的好奇，来一探复杂系统、复杂理论、精神分析复杂性、精神分析复杂性敏感力等听起来"高深莫测"的概念的"究竟"。同时，也希望我虽竭尽所能却也难免不无疏忽的翻译水平，不至于影响读者对本书的理解。最后，如所有的作者及译者一样，希望本书能在读者的知识海洋中引发一丝涟漪，激荡起有趣的不同，哪怕是收获和进一步的好奇，甚至是质疑和进一步的困惑！

吴佳佳
2020年10月
于德国海德堡

序　言

　　精神分析复杂性理论是一种跨学科的诠释性理论，它被应用于临床精神分析和心理治疗。精神分析复杂性理论提供了一个理解框架，用于诠释情绪困扰及与之相关的痛苦的人际关系体验产生并持续存在的原因。在实践中将这一理解框架转化为临床敏感力（或特定的临床态度），将推动临床工作者的工作，更有效地提升治愈性的改变。作者威廉·科伯恩（William J. Coburn）提出的这个理论，尊重并鼓励心理异常现象，而不是将个体的独特性做病态化处理或将其消灭，这对于摒弃笛卡尔主义和科学主义的残余有革命性的深远影响。

　　在本书中，威廉·科伯恩探索了用作诠释性框架的复杂性理论，这一理论让临床工作者更好地、回溯性地理解治疗举措和改变过程。他详述了用这一理论框架来扩展治疗敏感力的方式，明确地告知临床工作者在治疗关系里可以做些什么，从而有效地促进积极的改变。他的行文十分有说服力，指出将复杂性理论的敏感力应用于精神分析和心理治疗，可以带来根本性的态度转变，为情感体验的联结和意义带来新的曙光。

　　另外，本书贯穿了多种多样的临床案例，彻底纠正了还原主义和更传统的假设——认为问题的根源在患者，而治疗方法则取决于治疗师。

本书提供了一种全新的行文和思维方式,也是与他人同在的全新方式,这是实现富有成效的治愈性改变的关键。这本书适用于精神分析师、临床心理学家、心理治疗师或咨询师,以及其他对精神分析和心理治疗领域中的新趋势感兴趣的心理卫生工作者、学者和教师。

前 言

> 一个人不应该为了享受复杂而使事情复杂化,但也永远不要在根本不存在简单性的情况下一味追求或故意简化事情。如果事情很简单,只言片语就能解决。
>
> ——雅克·德里达(Jacques Derrida)

在费伦茨·桑多(Ferenczi Sandor)活着时,费伦茨·莫尔纳(Ferenc Molnar)的小说诞生于布达佩斯1906年时的文化背景下,并被世界各地的年轻人看作一本不可多得的好书——尤其是它借隐喻讽刺地刻画了欧洲的民族主义,并相当准确地预言了第一次世界大战的爆发。这本书叫《保罗街的男孩》(Paul Street Boys),围绕一群流浪儿童热心捍卫操场,反对另一帮孩子入侵其"领土"展开。保罗街的这群流浪儿童因一起轮流嚼一块叫吉特(gitt)的口香糖闻名,吉特其实是窗户上的黏胶。在美国,我们小时候会习惯性称之为"嚼后(ABC,already been chewed)"口香糖。只有青少年才知道这种流行一时的街头文化,他们会悄悄地收集这种固定窗户用的黏胶,把它当作便利店货架上售卖的口香糖。这一块口香糖使"吉特人(即咀嚼同一块口香糖的男孩们)"团结在一起——

这种凝聚力远比它固定窗户的黏性强。这块口香糖会从一个男孩那儿传递给下一个男孩，每个人都有"品尝美味"的机会，同时又保持了黏胶的湿润和嚼劲。在我看来，在精神分析和心理治疗圈也存在着类似的现象，理论及其变体取代了小说中的黏胶。除了少数几个明显的例外，我们在许多方面也享受着"传递同一块口香糖"的乐趣。这块口香糖把我们团结在一起，让我们在把它传递给下一个人之前花费大量的时间留下自己的"齿痕"。本书会不会又是一块熟悉的口香糖，抑或是一块新刮下来的黏胶，只能待读者定夺。对我来说，它确实味道新鲜，但免不了到头来还是一团黏胶。不过，如果你能享受地嚼它一会儿，我便颇有成就感了。

本书在很大程度上是一场思想实验。我邀请你尝试一些非常革命性的观点，把自己沉浸在一个全新的世界观中，然后静观其变。我非常乐意宣称这些都是我个人的观点，但事实上它们并不属于任何人。不是哪一个具体的人发明了复杂性理论，而是在20世纪由数学家、生物学家、物理学家、天文学家、气象学家、经济学家以及其他对微观群体研究着迷的学者们在各自独立的理论中逐渐发展而成的，并在之后进入了计算机科学和艺术领域。从广义上讲，复杂性理论反映了来自不同专业和文化背景的众多个体持之以恒的思考和想象。

一段时间后，人们开始意识到，虽然不同领域的科学家和探索者各自独立进行研究——不论对象是分子、细胞、人体、家庭、文化，还是太阳系等——但都不可思议地发展出了相似的观点。随着时间流逝，出现了一系列涉及既定且充满活力的开放系统的行为及其特征的知识。事实证明，分子系统、气象系统、生物系统、经济系统、神经系统和菌群系统相互之间有很多共同点。这一知识本身就表现出它所关注的一个特征：生成性。因此，在过去四十年左右，非线性动力系统理论（或简称为复杂性理论）本身就是一种动力：研究所有同类非线性的、动态的、复杂的系统。从这个意义上讲，复杂性理论除了被认为是多学科、跨学科的领域，还被认为是学科间的领域（Krakauer，2009），其目的是研究范围广泛、丰富多彩、相互贯通的系统，而我们每个人都是这些系统的产物。如果说复杂性理论家们这些年没有新的发现，那么他们至少已经了解到，包括人类在内的所有事物，都以这样或那样的方式彼此关联。对解答"我们是谁"以及"世界如何运作"等问题，这开启了一种相当革命性的，甚至令人不安的看法。

20世纪40年代，家庭治疗理论引入了各种各样的系统理论（Bateson，1942；Mead，1942；von Foerster，1981；Wiener，1948），但其中许多观点仍包含着更为传统的客观主义世界观要素（例如内稳态概念，或者认为人们可以跳出系统之外进行观察）。从当代复杂性理论来看，这些概念和观点已不再站得住脚。例如，现在人们更容易将内稳态的出现理解为许多潜在的吸引子状态*的表现之一，或系统元素潜在的、可识别的表现。而且，为了观察而跳出系统是不可能的，我们永远不能脱离始终嵌入其中的系统（von Foerster，1981）。至20世纪70年代，动态系统理论家已经积累了更多有关开放系统工作方式的假设，一些心理学家和精神分析师也开始将动态系统理论应用于各自的领域。

---

* 简而言之，吸引子状态是系统在给定时间点对一种特定的、可辨别的构成排列的偏好。——译者注

在精神分析中，Robert Galatzer-Levy（1978）发表了开创性文章"从量变到质变：与精神分析有关的数学突变理论"（Qualitative Change from Quantitative Change: Mathematical Catastrophe Theory in Relation to Psychoanalysis）。然而，也许是因为该文章高度数学化，因而难以理解，也难以应用到临床实践中。在此之后，几位同样对动态系统理论感兴趣的精神分析家们也投身于20世纪90年代末有关复杂性理论的争论中，其中包括Hinshelwood（1982），Moran（1991），Sander（1988），Sashin和Callahan（1990），Spruiell（1993），Seligman和Shanok（1995），Thelen和Smith（1994）等人。尤其在Thelen和Smith（1994）有关非线性动力系统理论在发展心理学中的应用的开创性著作出版之后，动力系统理论引起了人们极大的兴趣。他们对人类早期发展的研究发现，推翻了许多关于早期生命的渐成说和目的论假设。我们及所居住的世界似乎不再稳定可测，不再一成不变、能够诠释。这对我们是非常有利的。

在阅读了罗伯特·斯托洛罗（Robert Stolorow）1997年发表的影响非凡的"动态、二元及主体间系统：一种不断发展的精神分析范式"（Dynamic, dyadic, intersubjective systems: An evolving paradigm for psychoanalysis）一文后，我对复杂性理论的热情被激发了。我已经相当深入地研究了主体间系统理论，以及激进的现象学情境主义观点（Stolorow，Atwood & Orange，1998，2002），发现这种全新的复杂性敏感力极大地丰富和扩展了我之前在主体间系统理论中有幸发现的情境主义精神。正是在1997年，我预感进一步探索复杂性理论可能对概念化精神分析和心理治疗过程具有潜在作用，顿时感觉自己就像一个玩沙盘的孩子，面前摆满了很多很棒的玩具，而突然一个崭新的、功能更强大的玩具进入了我的视野。是的，随后主导我努力将复杂性理论推广到精神分析和心理治疗中的动力正是如此：抱着游戏的态度。而且，尽管独自致力于此，我并不孤单。层出不穷的理论家们投身其中，发挥作用。其中许多理论家就来自我所在的研究所，即洛杉矶当代精神分析研究所。这确实是个非常激动人心的时期！

  正如稍后将详细讨论的，复杂性理论的目的主要是试图理解和诠释人类系统潜在的流动性、动态性和不可预测性，试图了解事物到底是如何运作的。它实质上是一种描述性的、回顾性诠释的工具——"为什么那个病人在特定时期发生了改变？"为了理解情感生活和生成意义，为了把握人类体验所具有的强烈的情境化性质，复杂性理论提供了一个强有力的诠释框架，但随之而来的一个重要问题是：这种敏感力可能以何种方式前瞻性地影响我们对患者的理解？又为我们现在和将来与患者的工作带来了哪些启发？本书只解决这一问题的开始阶段，并借助考察在临床中起到重要作用的内隐和外显态度来反映这一点。

致 谢

本书反映了我在过去15年间里学到的关于复杂性理论的内容，是探索有趣且振奋人心的想法和观点的成果，它也反映了我初步尝试去探索这些想法在临床上的应用。这个过程对我自身及我的生活都带来了巨大的改变，对此，我感谢所有在整个过程中启发我、教导我、关心我的同道。我特别感谢Estelle Shane，他用无数种方式——包括详读和编辑本书——在整个过程中为我提供了多年支持和指导。我由衷感谢Robert Stolorow在过去18年中对我的不懈关心，没有他的支持，难以想象我能完成这本书。整个写作过程担负着艰巨的任务，充满了令人振奋的思考和创造，既需要一种真正的主人翁意识，又需要与生活中重要他人的持续联系。没有Robert Stolorow，这将是不可能的。我也衷心感谢Jim Fosshage，他的友谊和指导对我来说非常宝贵。还有Joe Lichtenberg一直以来的支持，他对创造力及写作的热情和远见起了巨大作用。我也非常感谢Roger Frie，他是我的朋友和合作伙伴，在思考、创造和出版方面提供了非常宝贵的意见。我还要感谢其他始终支持我并且对我的工作有很大影响的重要人物，他们是Donna Orange、Lewis Aron、Howard Bacal、Arthur Malin、Marian Tolpin、Steven Stern、Paul Cilliers、Mark

Taylor、Jill Gentile、Malcolm Slavin、Nancy VanDerHeide、Shelley Doctors、Lestor Lenoff、Frank Lachmann、Suzanne Lachmann、Lucyann Carlton、Margy Sperry、Peter Radestock、Richard Siegel、Hazel Ipp、Hannah Maizes、Nancy Goldman、Jeff Trop、Leonard Bearne、Kate Bracaglia、Kristopher Spring、Kristen Leishman和Jackie Legg。他们中的每一位都以独特的方式极大地启发了我。我也非常感谢家人的不懈支持，其中包括Katalin、William、Alicia、Andy、Laura、Theodore、Jake、Todd、Linda、Nora、Morgan、Alex、Cassie、Ted、Mark和Peggy。我还要感谢Markiss、Nacho、Kells、David和Steve，他们的精神和支持不断给我提供养分。还有Routledge出版社的Kate Hawes和Kirsten Buchanan在本书整个制作阶段为我提供的宝贵支持和指导，对此我深表感谢。我还要感谢Rebekka Helford，他在本书的编辑和准备过程中提供了极大的帮助及耐心、友善、孜孜不倦的支持。

引言部分首先发表在《精神分析对话》（*Psychoanalytic Dialogues*）中并进行了大幅修订。本书第一章的部分内容发表于《精神分析探究》（*Psychoanalytic Inquiry*）以及Buirski和Kottler的著作《当代自体心理学——多样性的新发展》（*New Developments in Self Psychology Practice*）*。第二章纳入了《精神分析对话》2011年和2012年发布的文章修订版。第三章的部分内容首先发表在《美国精神分析科学院学报》（*Journal of the American Academy of Psychoanalysis*）上，修改后包含

---

* 本书已于2019年由中国轻工业出版社出版。——译者注

在本书中。第四章合并了发表在 Frie 和 Orange 的《超越后现代主义：临床理论和实践的新维度》(*Beyond Postmodernism: New Dimensions in Clinical Theory and Practice*)、Buirski 和 Kottler 的《当代自体心理学——多样性的新发展》，以及《精神分析探究》中，并做了实质性修订。第五章的部分内容首先在 Frie 和 Orange 的《超越后现代主义：临床理论和实践的新维度》中发表，然后做了实质性修订以纳入本书。感谢这些书籍和期刊的编辑、出版商授予我将这些篇章纳入本书的许可。

目　录

引　言　精神分析复杂性——（几乎）全然关乎态度 ·················· 1
第一章　复杂性、治疗行为及杰克的案例 ····················· 19
第二章　态度 ·· 35
第三章　关于个人主观性的两种态度 ························· 49
第四章　复杂性理论与情绪生活 ···························· 73
第五章　游戏态度 ···································· 101
第六章　总结 ······································· 131
参考文献 ·· 137

引　言

精神分析复杂性
——（几乎）全然关乎态度

每个忠于理论传统的人都虔诚地投身于特定的理论，无法好好坐下来说清楚各自行为基于的假设。

——斯蒂芬·米切尔（Stephen Mitchell）

评估精神分析理论的一个方法，是在脑海中想象一位持该理论的心理治疗师，并描绘他放入精神分析过程的具体画面会是什么。

——劳伦斯·弗里德曼（Lawrence Friedman）

当你读完这句话的一半时（就是这里），你已经不可逆转地进入了一个全新的复杂系统（当然，你将带入自身独特的、基于社会—文化—历史情境条件而产生的态度）。想象接听新患者的第一通电话：就在听见他声音的那一刻——说话的内容、语音语调的细微差别，等等——你已经参与构建了一个崭新的、复杂的关系系统，这会改变你的体验世界中的某些部分，当然也会改变他的体验世界的某些部分。

你是如何改变他的体验世界的呢？他听到了你的电话留言。不管他是否有所留意，留言的内容、语音语调、时间等，已经透露了你个人的历史、当下的情绪生活、想象的未来以及其他无数的情境要素，这些体验和意义已经为他所形成。接下来的问题是：你多久才能给他回电话？时间在复杂系统中是很重要的要素，因为时间不可逆转地向前迈进。你会使用什么样的语气？细微差别也很重要。另外，初始条件也很重要（Poincaré and Guillaume，1900）。就像在建立新关系时往往会发生的那样，影响后续关系进展的问题会浮现出来，开启关系中新的冒险：这对我会有帮助吗？会改变我吗？会改变我的情绪和临床敏感力吗？我从你那里想要得到什么，期待什么？你想从这本书中，从我这儿得到什么？以狄更斯的说法，这些问题都会浮出水面。

我们都想知道精神分析和心理治疗中什么在起作用，当然也想知道什么不起作用。当想到当代治疗行为和改变过程，我脑中浮现出的画面是一个原始人在夜晚围着篝火，向部落的其他成员惟妙惟肖地演绎当天下午他如何猎杀猛虎。他手舞足蹈，挥舞着矛刺入地面，又拔出转身划过篝火，火花四溅，部落成员投来充满敬佩的目光。而实际情况可能是，猎人被吓得半死，试图虎口逃生，而老虎意外地跌倒在猎人的矛上，一命呜呼。当一切尘埃落定，心跳恢复正常，我们开始着手构建一个连贯的故事，诠释事情是如何发生，治疗为何有效。通常，这些故事不会是那些让人又意外又困惑的神秘故事，我们倾向于给出有洞见的、合理的诠释，甚至有时对坏的结果也给出有洞见的合理诠释。我们想要理解事物，弄明白前因后果，这是人之常情。这说明了我们对理解和诠释怀有孜孜不倦的必然渴望，会使用推测、假设、理论化、抽象化等方式，在普遍意义上试图理解世界以及我们在其中的位置。

讲故事是一种主要的理解事物的途径（Brooks，1994）。许多人都喜欢好的故事，尤其是"临床故事"。在短时间内，我们能通过故事感同身受地体验或心平气和地观察其他治疗师做了什么，如何进行治疗，甚至陷入怎样的水深火热。尽管我们对新理论一直怀有渴望和痴迷，主流精神分析似乎仍有一个"好故事"。在这个故事中，我们热切地见证了人们通过探究痛苦而重获（熟悉的、也有时是不诚实的）幸福结局。部分原因在于我们希望捕捉那些下次还管用的内容，用其来指导自己做出诠释、促发活现或度过逆境。我们当然想知道什么是有效的，因为当下的临床工作充满了神秘、不确定和困惑。我们应该不只是为了追寻冒险的体验，尽管那对许多人来说也是有趣的要素。更为重要的是，我们希望促进有益的改变，与此同时能够涵容困惑和未知，就像忍受生活中不尽人意的地方。

精神卫生领域痴迷于统计学认证下的循证治疗，想要给出关于心理健康的性质的规范定论，而不考虑其所源自的社会—文化—历史情境条件（Cushman，1994；Frie，2003，2011），这都是重要的实例，体现出了我们对模糊性和不确定性的不适（Brothers，2002），不愿意放下理论及现有的对真理和现实的结论（Orange，1995）。还有其他许多能体现系统化和标准化倾向的耳熟能详的例子，促使我们以通用的方法治疗精神病理问题。事实上，我们由文化构成，精神病理也只能通过文化方式构建。认识论中有个更讽刺的例子，反映在"告诉我该怎么做，我不想自己思考"的偏好中。当代精神分析师和心理治疗师希望避开任何可能渗入还原主义的观点和方法，基于每个个体及系统的体验，抽取出那些能够被发现和见证的部分。

当然，作为情境主义者和系统思考者，我们始终关注于如何因人而异地定义有效的改变，以及如何实现这种改变。因此，我们思考的不仅是什么促成了改变（治疗作用），还包括想要实现的是何种改变。精神分析师和心理治疗师理应在设法实现改变的同时，明确需要改变的内容。追问什么是有效的改变，意味着追问可能采取的治疗行为是什么，也是在追问如何才能让事情有所不同。最终，这一切都只能由治疗中的二元关系决定，其中包含着欲望、渴望、激情、恐惧、思虑，以及一般意义上具有无数来源的情绪体验。这些都不是治疗联盟凭空决定的——尽管有时可能感觉如此，是经由高度复杂、庞大的社会—文化—历史情境条件持久塑造的，而治疗双方始终嵌入其中。如此一来，治疗作用和治愈性的改变对于每一对治疗关系而言都是独特的（Bacal, 2006；Bacal & Carlton, 2010；Bacal, 2011），它们是高度情境化的现象。另外，有关治疗行为和改变的问题，不可避免地取决于众多的理论、伦理和认识论的范畴，或称之为**态度**。例如，如果要改变心灵，首先必然得定义心灵是什么不是什么。如果谈及治疗行为，比如言语诠释，我们必然对所言之物有自己的观点和想法，其中包含了对该观点以及如何产生该观点的态度

（例如，这是**我**认为的真相；这**就是**真相；这是我的推测；这是我的想象；这是我自发的想法；这是我们共同建构的，诸如此类）。更为复杂的是，我们无法在思考时把隐性的、下意识的、前反思的领域排除在外。有学者认为，这些领域正是治疗作用和改变发生之处（Stern，1998）。可以肯定的是，至少在最初阶段，往往正是这些领域传达了我们的态度。总而言之，态度对于理解治疗作用和改变至关重要。

复杂性

由于被客观的假设和冷静理性的态度麻痹了，许多精神分析前驱在真正深入了解之前，就怀着一种对问题来龙去脉了然于心的态度，然后逻辑缜密、思路清晰地解决了理论和临床上的难题。这就好比在了解病人之前，就认为自己对病人的心理及其运作了如指掌。而一旦某位"难搞"的病人对分析师提出了"无理"的要求，就已经知道病人是因本能的驱使才变得不可理喻（Breuer & Freud，1893）。你的任务是要让他变得理性，成功将他带回你所持的现实视角，嘱咐他放弃愿望、欲望和渴望——而在我眼里这些正是人类保持生机的根源和动力。在许多情况下，非理性或人类的主观性都可以被理解和诠释，因而也可以被摒弃，用清晰、客观的理性思维取而代之。科学的时代精神迫使已知的真理和现实成为静态的、可由实验重复检验的东西，于是我们可以立足于相对牢固的基础，建立更多的理论，做出合理的临床决策（当今，在致力于塑造人类行为的认知行为和实验心理学方法中，依然可以看到这一观点的踪迹）。然而另一个学术圈中，范式在过去75年间转变了（Kuhn，1962），客观主义从根本上转变为了视角主义，这使我们在"认识论上的傲慢转变为谦逊"（Stolorow，2012），对此我开玩笑地称为**认识论上的笨拙**。这种转变重新定义了人类的主观性，它不仅与我们如何感知和体验自己及其世界相关，而且还是更具意义地去理解他人并建立联结的主要工具。有趣的是，仔细研究从20世纪初至今有关反移情文献的发展，可以反映人类主观性态度的转变，包括在治疗中如何思考及使用反移情。这种态度也体现在当代关系理论的发展中，多元主体间共时互惠的相互影响是情绪生活、心理修通和积极发展的中介。正如Cooper（2004）所言，"不论喜欢与否，分析师不可否认地首先作为一个人存在，既然如此，何不利用这一点来理解分析过程中发生了什么"。现在，当代思想家们普遍拥抱传统分析师和治疗师避之不及的要素，将之作为促进有效治疗工作的先决条件。

本书的一个方面是关注诠释性框架——即我们尝试理解事物的努力——及伴随其中的隐性、下意识的态度的作用。本书特别强调了一个特定的诠释框架，该框架基于的视角彻底改变了世界及我们当前思考的方式。这种视角不是由某个人或某个团体发明的（也就是说，它不源于任何个体的想象或宝贵的观点），这一点正是其优势所在。它最初也不是为精神分析理论和临床实践而产生，这便是我在过去十五年关注它的原因。这个视角所使用的语言虽然很累赘，但却能唤起共鸣。当然，除开语言，我们也可以使用其概念。我所说的就是复杂性理论，出于精神分析和心理治疗的考虑，我把它称为**精神分析复杂性**。

引言 精神分析复杂性

在过去三十年中，复杂性理论被引入精神分析和精神分析式治疗，带来了革命性的变化，虽然其中充斥着个体的困惑和怀疑。当然，我没有轻而易举地使用了**革命性**一词。这个视角具有数不清的面向和重点，也给关于个体的情感产生（及解离）、情绪意义、关系本质等方面的传统假设带来了深远改变。如果对"孤立心灵"的幻想和无情的内在驱力还有任何疑问，对主观主义和个人主义的缺陷还有任何质疑，那么复杂性理论已经彻底推翻了这些疑虑。在临床上，这是非常有益的。过去三十年中范式的转向越来越显而易见，从客观主义转向视角主义（Mitchell，2000；Orange，2008），从笛卡尔主义转向情境主义（Atwood & Stolorow，1984；Stolorow，Atwood，& Orange，2002；Stolorow，Brandchaft，& Atwood，1987）；复杂性理论在具体化和深化这些转向时起到了至关重要的作用，这正是本书关注的核心。

一方面，要认识到生活中的情感体验及其意义之间的根本区别；另一方面，要治疗性地诠释体验和意义的来源，这是理论家和临床工作者把握精神分析复杂性的重要前提。我们知道朝什么方向思考，知道什么是合适的说话时机，这是非常关键的；我们是在描述鲜活的情绪体验（在现象层面），还是在为理解该体验提出理论性的诠释（在诠释层面）？如果缺乏这些方面的认识，在概念上就依然是含糊困惑的。本书的目的就是澄清这类困惑。

此外，我们认为自我和世界总是按照自己感知的方式运作（或被诠释），但只有把自己从这样的假设中释放出来，才能终止"把鲜活的情绪体验抽象化"的这一长达世纪之久的倾向，从而呈现多维度的诠释。

例如体验世界是彼此融合的,过去、现在以及想象的未来是相互贯通的(Loewald, 1972)。理论家和临床工作者永远都面临着无所不在的张力,一方面假设个体具有无休止地嵌入于社会—文化—历史情境条件下的彼此关联性,另一方面假设个体寻求个体性、自主性、自治性、自立性和真实性的体验(Frie & Coburn, 2011)。这种张力间的冲突产生了关于情感生活的混合理解模型(有时是矛盾的),其中一些模型嫁接在另一些模型上。精神分析复杂性理论消除了出于诠释目的采用矛盾模型的需要,因此,有关个体心灵内部的理论或个体内在世界的概念,成了现象学描述的丰富来源,而不再是那些用于理解鲜活情感体验的富有逻辑的诠释框架。

不是所有复杂理论家都对这一范式的所有方面抱有同样的兴趣,每个人似乎都摸到了复杂性这头众所周知的大象的不同部分。有些人强调自我批判、涌现和非线性等概念;另一些人侧重不可还原性、自我催化等概念;还有一些人偏好再循环、新颖性、扰动等概念(后面的章节会突出强调某些概念)。这些是这一视角的诸多面向,每个方面都非常独特、引人入胜、各有所用。总体而言,不管采用该理论的哪个方面,复杂性理论历来都被用作一种重要的回顾性工具,诠释已经发生的事情。我们的生物系统是如何自我组织以创造出新的生命?宇宙间的天体是如何形成如此特殊而复杂的运行模式?情感生活,包括意义生成过程,是如何从一开始就贯穿整个人生过程?在咨询室中,理想化的改变是如何在两人或多人之间发生?而且,正如前面提到的,什么是理想化的改变?由谁决定?我们也许能够以有趣的、回顾性(尽管也是推测性的)的方式回答其中的一些问题，但是作为永远面对临床中的当下和未来的临床工作者（尤其是正在考虑运用更多当代观点的临床工作者），我们更想知道如何以有用的方式应用新的观点和概念，如何实现积极的改变。因此，本书的另一个重要的方面涉及如何应用当代复杂性理论，更准确地说，如何通过广义的隐性态度这一强大的中介作用来应用复杂性理论，如何把它巧妙地渗透到临床工作中，最终实现治疗效用和积极改变。这涉及在临床中前瞻性地应用回顾性诠释框架，这个框架必然有助于我们理解在此时此地发生了什么，以及决定治疗目标和行为——也就是我们接下来可能做什么。本书从根本上探讨了一种精神分析复杂性模型、该模型中自然产生的临床态度，以及这种理论和临床敏感力将如何改变情感生活及其对应的关系。

当前，复杂性理论是一个用来理解系统运作的跨领域诠释框架。它在众多领域中有着丰富而悠久的历史，例如物理学、分子生物学、气象学，还有之前提到过的微观菌群研究。近来，该理论更多地应用于心理系统中，尤其对于精神分析而言，复杂性理论将我们对人类复杂的适应性系统的理解扩展到了更为激动人心、富有挑战的方向。它更清晰地揭示了情境在理解情绪生活和意义生成过程中起到的持久而核心的作用。我们的观念从教导病人（Freud, 1919）转变为向病人学习（Casement, 1992; Ferenczi, 1928; Kohut, 1984），现在又进一步转变为向动态的、流动的、不可预测的、自身作为组成部分的系统学习。如果说在所有这些相互贯穿的心理系统中，我们对个人的情境性没有新的认识（Frie, 2011），那么至少可以确定的是，从根本上说我们在认识论上是笨拙的：

我们永远无法弄清楚特定的情绪体验和意义为何产生，尽管偶尔也能瞥见真理和现实的浮光掠影，但它总是瞬息万变的。具有对精神分析复杂性的敏感力，就意味着能以谦逊的姿态对个体的复杂性、对每一对治疗关系、对让我们刻骨铭心的知识的局限抱有深深的尊重。

态度

在思考精神分析复杂性会如何影响治疗行为时，我转向一个熟悉的、至关重要且无所不在的信息源，即我们的态度，包括内隐态度和外显态度。态度可以为解答治疗情境中发生的事情提供很多信息，这不是一个新概念，但我相信它一直都没有得到应该的关注。当弗洛伊德及其追随者颂扬和阐述在临床工作中保持客观、思路清晰、采取外科医生式的严谨技巧的必要性时（当然这种态度是正确的），一股不那么明晰的暗流在20世纪早期开始蠢蠢欲动——呼吁更明确地考虑态度对每个人关系状况的影响。例如，Edward Glover于1937年发表的评论嵌入了纯粹的弗洛伊德学派教义——"有效诠释的先决条件是态度，即分析师真正的无意识态度"，还有许多其他例子也明确肯定了精神分析中意识层面和潜意识层面的态度具有的强大作用。本书中，我将从广义层面定义态度，包括从古至今关于移情和反移情的众多观点，也涵盖了诸如不变的组织原则（Stolorow，1995）、情绪性确信（Orange，1995）、偏见（Gadamer，1991）、哲学观和理论背景（Stern，2012）、个人的过去、现在和想象中的未来（Loewald，1972）、情境化的个人体验（Frie，2011，

引言　精神分析复杂性

p.14）等概念。第二章将详细讨论态度的概念。

本书旨在通过临床实例来说明源自精神分析复杂性的一些核心态度，这些态度与精神分析和心理治疗中的治疗作用有关。其中的一些复杂性态度也可以在其他精神分析范式中找到，例如主体间系统理论（Stolorow，Atwood & Orange，1998），自体和动机系统理论（Lichtenberg，Lachmann & Fosshage，1992，1996，2011），自体心理学的发展系统（Shane，2006；Shane & Gales，1997），特异性理论（Bacal & Carlton，2010）及关系理论（Ghent，2002），这些理论都支持态度在治愈性关系中起到的关键而根本的作用。

例如，有一种复杂性态度关乎个体如何在头脑中存有关于**自体**的概念。不管喜欢与否，每个人都恒久而密不可分地置身于人类和非人类的复杂系统中，只有死亡这一个"逃脱"的途径。我们试图不以这样的方式思考自身，不去如此这般地体验。当这样提及自己，也暗示了我们是**拥有**自我的。有时候，谈论自我就好像在谈论着处于可修复或不可修复、聚合或碎裂状态的附属物（Kohut，1984）。从经验层面上说——如果完全基于个人感受到的生动体验来考虑事物——我们也可能根本没有自我（Atwood，Orange & Stolorow，2002）。尽管在一般意义上，如果把狂喜和神秘的体验置于一旁，相比没有自我，我们更偏向拥有一个理想的自我，这个自我具备创造、自主、自治的特性，富有主人翁意识，还充满爱和安全感。从诠释的层面上说——如果我们试图诠释体验，通过理论建构来理解现象，基于这个角度来看待事物——自我（作为独立的、个人的、孤立的实体）即使再真实，实际上也是"分布在众多关系体验的孤岛中"的幻象（Pizer，1996，p.503）。我们每个人都是高度相关、互相关联的更大的复杂系统的产物。

在想象自我的多种方式中，有这么一种方式。借鉴Taylor（2001）的做法，花一点时间把自己想象成双面镜（不得不承认这并不是个令人愉快的想法）：首先，镜面上投射了各种各样的物质（视觉的、生物的、物理的、情绪的、精神的）；其次把整个镜子想象成安装在露台上，是一个无处不在、互相贯通、巨大的非线性复杂系统。基本上，这相当于把自己同时想象成被投射物及过滤器，就好比光子同时既是微粒又是光波。通过这样的方式，我们同时既是更大的复杂（关系）系统的表达及涌现的节点，又是一个独特的限定因素——明确的限定系统中什么能涌现和表达。当然，这并不是说自我（或想象中的）是不真实的。恰恰相反，一个人的体验世界比能想象的所有事物都要更加真实，鲜活的生命之流就镶嵌和交织在所想象的世界中。正如Orange（2001）之言，我们栖居在世界之中，正如世界栖居在我们之中。不过，体验世界实际上并不属于我们——它们通常只在感觉上像是属于我们的。除此之外，还可以用其他许多态度考虑这个问题——这正是本书的主题。

敏感力和态度如何告知我们在临床中要做什么？该如何隐性地思考，采取何种行为，做出什么样的临床选择？更为根本的问题是，我们如何是其所是，如何获得并采取这种新的态度？当然不能把新理论用作一成不变的处方，一般而言，新发现的态度不是直接拿来应用就有效的。相反，要研究这些态度可能对应的应用场景，深思熟虑然后暂且搁置，如此一来才能对治疗关系的发展轨迹产生根本改变。一旦这样做了，如果其真有价值，就已然改变了你的情绪世界和临床敏感力。正如 Friedman（2005）所言，"理论决定治疗师的态度，态度影响背景动力，所有这些构成了精神分析治疗理论的重要性"。我要补充的是，治疗师的态度也反映其所持理论（Stolorow & Atwood，1979），背景动力也对态度产生影响。Friedman敏锐地认识到：

> 分析师没有留意，即使是最具体的评论也透露了对病人的一般态度。病人收到的评论，体现的是某人出于某种原因带有偏好地看待他们的方式。病人认为评论是分析师在努力说服他们采取某些态度（我补充下：尽管未必总是如此），或者朝某个方向转变，或者应以某种方式回应（Raphling，1996，2002；Shapiro，2002）……病人无法不带任何观点地对待所捕捉的事实，其所持立场是显而易见的（或被认为是显而易见），而且也透露了个人态度。

正如情境就是一切，态度亦然。不过，在操作上，我们并不直接关注态度本身，只需从正在做的事情中发现所持的态度就足够了。

因此，为了在掌握诠释框架之外扩展复杂性理论的应用领域，我们有必要探索采用这种精神分析复杂性观点所产生的内隐和外显态度，以及这些态度对改变过程的影响。在后面的章节中，我会阐述以下态度（并未详尽），以及其在临床叙述中的精神体现。

态度1：持之以恒地尊重人类体验和个体的复杂性。 情绪体验及其伴随的意义不再仅仅被理解为是包裹在颅骨中的神经信号放射的结果，或者仅仅是事先存在或预先设计的遗传模式的展现。在一个复杂的系统世界中，任何组件都无法为接下来发生的事情负责。作为典型的情境性生物，我们不断塑造着这个高度特定化的动力世界，并被其所塑造。人类在根本上是不可还原的，永远处于从一种状态到另一种状态的过渡中。如果要保持独特性、个性以及对出其不意的事情的热情，就当然不能根据诊断分类来对个体进行归类。

态度2：我们永远嵌入在情境中，无法脱离。 坚持不懈地秉持情境主义精神，是具备精神分析复杂性敏感力的基础，这种精神也可以在其他范式中找到，例如主体间系统理论（Stolorow, 1997）。

态度3：我们的历史、当前的状态以及所处的环境是体验的来源，其相互之间的关联永远含糊不清。 对于理解情绪生活的浮现以及我们赋予其的意义，这个假定至关重要。我们作为典型的情境性生物存在，这意味着拥有推动发展的历史，拥有使生活得以展开的现在，并持续朝向下一个"当下"前进。我们还拥有能发挥作用并接受影响的环境——对环境的定义完全取决于你喜欢的任何方式。它可以是所考虑之外的任何事物，唯独不是你在瞬息变换间对自己的认识。随着时间流逝，一切都会改变。至关重要的是，在临床上这种态度假设我们永远不能把个人体验世界（如一种情绪信念或情感状态）的某一方面单独归入他的历史、当前的状态或环境。这三种情绪生活来源之间不存在确定的因果关系。

态度4：自我催化与循环发生。系统内的各个组成部分会自发产生变化，并且这些变化又为自身提供反馈，从而改变原有的状态。这一态度从根本上改变了我们概念化治疗行动的传统方式，传统方式认为改变是由一个人对另一个人的行动所引起的；而更为当代的观点认为，改变是关系系统自身的产物和属性。

态度5：非线性以及在现象学层面重视"感觉"的复杂性。涉及引入情绪主题，与生活进行关联，遵从并能识别感觉的涌现。在复杂性理论中，复杂性这个词有着非常特定的、有时甚至颇为矛盾的含义（例如，系统的开放状态及不能被还原或压缩为更小、更简单维度的属性），第四章中会具体讨论。通常，复杂性不能被用来描述体验（在现象学上），它描述的是系统中即将发生变化的特定状态（在诠释范畴上）。与之对应的态度，是邀请治疗双方感知系统中即将产生（理想的）积极改变的时刻。通过标记、处理和讨论这些时刻，治疗双方可以学会感知系统何时处于变动状态，并朝着无法预测的方向前进。相较于生活在重复、平常、熟悉和舒适的"泥潭"中，系统的变动是个好事。这一态度也涉及复杂的人类系统中的非线性特点，即看起来微小的事件也可能引起巨大的、富有意义的结果。

态度6：拥抱认识论上的笨拙。正如之前提及的，这一态度传递出对认识局限的尊重,并让我们时刻警惕自以为是的自满,不至于陷入错误的假象,误以为把问题都差不多搞清楚了,也没有太多要学习的东西了。

态度7:区分交流的不同维度——现象学层面和诠释性/形而上学层面。这一态度强调不要混淆两个不同水平的交流。一个水平从属于生动的主观体验,另一个水平从属于对体验进行理解和描述的诠释性框架。混淆两个水平的结果之一是把体验维度实体化,尤其是把它们还原到对具体生活的构想上。

态度8:关于个人处境、情绪责任、潜在的(有限)自由的难题。这一态度鼓励我们认识人类是被抛进生活境遇中的,而生活境遇很大程度上不由我们决定——我们往往只是在情绪和关系中发现自己。有时候这会带来一种困苦的感觉:我是如何落入此种境地的?用传声头像乐队(Talking Heads,美国一支新浪潮乐队)的话说:"这不是我想要的美好生活,我给自己设计和规划的生活不是这样的!我是怎么走到这一步的?"这一态度也鼓励我们担起责任,接受当下的处境,不陷于"命运不公"的挫败感(Strenger, 1998),而是真正去承认它。最后,这一态度还邀请我们考虑在当下境地里可以获得怎样的自由——即使是有限的自由。随着时间的发展,我们能成为怎样的自己?作为典型的具有反思性、想象力和创造性的生物,基于已拥有的东西,我们能做到哪一步?这是一种欣赏约束感的态度,而这种约束感与未来的自我创造和潜力相呼应。

态度9：怀抱最基本的希望。这是体现Jonathan Lear著作核心精神的一个词。这一态度指，尽管可能无法设想未来具体会以何种形式呈现，但我们依然充满希望。这一态度也让我们考虑——尽管目前无法清晰描绘——需要何种勇气才可以进行与众不同的、积极的畅想。如果能理解复杂系统不是由规则驱动或预先设定的，而可能是以无法想象的方式对改变敞开大门，那么也许可以实现这种希望。

态度10：坚持探求的精神／基于信任的诠释学（Orange，2011）。这一态度显然不源自复杂性理论，但却典型地代表了复杂性，因而值得重视。因为复杂性敏感力认为，当改变即将发生时，我们并不知道它将如何发生或者是否有用。好奇和探求的开放态度（但不是一个劲儿地盘问病人）会鼓励发展出饱含期望的惊喜和对新奇的赞赏。这一态度传递出一个理念，即我们永远无法知道接下来会发生什么，也无法事先知道会有怎样的情绪体验及其相应的意义。Orange（2011）提出的基于信任的诠释学很好地体现了探求的真正精神，它向病人传递的态度是"我们一起发现独特的情绪生活，并向惊喜敞开怀抱"，而不是假定已经对病人的体验世界有所了解，认为病人总是有所隐瞒。

我想邀请你们在探究后面的章节时，把这些态度牢记心间。本书围绕过去100年间不经意产生的复杂性敏感力对临床思考和工作方式的改变，开始部分（前三章）会借助临床材料思考治疗作用和改变的背景，以及态度在其中不可忽视的作用。后两章会探索复杂性理论中的一些核心观点,以及该如何把它们应用于(或已被应用于)临床情境。其中,最后一章在临床角度反映了这些态度将如何传递临床关系,产生改变。

第一章

复杂性、治疗行为及杰克的案例

你们要去哪里,还是只管前行?

——杰克·凯鲁亚克(Jack Kerouac)

治疗行为

治疗行为,作为一种概念、一个过程、一个深思熟虑的东西,有着丰富曲折的历史,主要聚焦于减轻病人的情绪痛苦。这一概念大致上可以追溯到布洛伊尔和弗洛伊德时期(1893),当然这不意味着早期哲学、科学、神学领域不关注治愈精神痛苦。精神病理(造成痛苦的原因)和治疗(减缓或治愈痛苦的方法)的概念不可避免地受到所处时代对事实、现状、知识(认识论上的)、善(伦理的)、美等世界观的影响。从这些世界观出发,我们得出了关于心理实质及其"阴谋诡计"的推定,它们也由需求、愿望、渴望所塑造。每个人都生存于包含了某种视角或偏见的处境之中（Gadamer，1991），在其中感知和体验世界及自身（Stolorow et al，2002），只有死亡这一个"出口"。所有观点都有其出处（Nagel，1986），痛苦和功能障碍的定义很大程度上取决于群体所处的社会文化和个人处境（Frie，2010）。例如，把痛苦情感病理化，认为应该彻底消除它，并且推崇冷静、逻辑清晰、理智的态度，这种视角把个体情绪变成了敌人，而理性基于其被定义的方式则成了武器（A. Freud，1976）。鉴于以下事实，这种观点尤其有害：过去五十年左右，在范式转变之前，通常由权威人士（例如医生、治疗师）来决定什么该被拒绝，什么是理性的。

因此，关于治疗行为的观点必然基于一系列假设和结论，涉及世界是如何运作的、什么是错误的并需要被改变、我们渴望什么，以及对人类个体而言痛苦意味着什么。换句话说，对这些基础问题（传统意义上，我们往往觉得已找到答案）的态度形成了精神分析和心理治疗中关于精神病理、心理发展、心理治疗、移情、防御、临床决策过程、临床关系轨迹的多重结论。本章的重点是区分"治疗行为和改变"等主要传统议题，以我与病人杰克的经历为焦点。

探索治疗行为时，区分"改变的行为（影响改变的行为，例如言语诠释）"和"行为的改变（例如，个体心理结构、体验世界的特点或关系模式）"至关重要。对弗洛伊德及其后继者而言，心理结构（本我、自我、超我）和心理动力（结构部分之间的关系，包括潜意识、前意识和意识材料的管理）是行为的改变部分，而改变的行为主要是经由分析师的诠释而产生的洞见和领悟。基本上是由分析师告知病人他们所不知道的内容——往往不想知道以及不能知道（S. Freud，1919）。在治疗中，病人的压抑解除了，记忆恢复了，本能愿望升华了，从而变得健康、成熟。

当思考改变时，必然会问道：人们为什么不改变？或者为什么改变看起来如此缓慢？我相信，真正可靠的改变是来之不易的，因为无论组织原则或情感主题多么令人痛苦，但如果把它们突然都剥除，个体会陷入深渊——Stolorow、Atwood 和 Orange（2010）称之为无结构的混乱，Bernstein（1983）称之为笛卡尔式的焦虑。相比冒着失去清晰感和现实感所立足的基础的风险，痛苦地组织自己及面对世界要容易得多（Coburn，2001a）。埃里克森曾说过"一个消极的认同要好过没有认同"，还有其他理由使我们依赖于令人痛苦的组织原则，例如与重要的依恋对象保持联结（Ainsworth & Bell，1974）。一般而言，我们会被熟悉而安全的事物所吸引，犹如飞蛾扑火。在考虑复杂性、治疗行动和改变之前，让我们暂时将话题转到病人杰克和我的经历上。

复杂性与杰克的案例

复杂性最好的体现，莫过于在精神分析关系中目睹人类体验中意外的、突然的、有时令人吃惊的变化，杰克的案例就是如此。他一直为极度贫瘠的自尊心、社交退缩、孤立的倾向而苦苦挣扎。在他还小时，母亲会心烦意乱、魂不守舍地把他落在超市的婴儿车里，直到她收拾好购买的食物，关上车门，开始和朋友聊天时才想起这一疏忽，再回头把他从商店经理那儿领回来。这就是他童年记忆的典型场景（Lichtenberg，2008）——他要么是容易被遗忘的，要么被别人认为是怪异的。在进行了长达两年半一周三次的分析后，有什么像电闪雷鸣般击中了我们俩——当然我认为我比他更为震惊。杰克当时45岁，在进入治疗前已经离婚一段时间了，一直在考虑网络约会，看看建立关系（或无法建立关系）的可能性。尽管非常渴望亲近和亲密，但是他认为女朋友很快就会"看清楚他的嘴脸"——他那怪物般的真实本性。他认为自己就像弗兰肯斯坦博士创造的怪物。这些描述让我想起玛丽·谢利（Mary Shelley）在小说中用非常优美的文笔刻画的怪物——孤独、隔离、暴怒、自我憎恨又充满渴望。杰克大多数时候郁郁寡欢，这常常让我们双方都处于一种"命运凄惨"的氛围中。当我表达这些联想时，他偶尔会活跃起来。"是的"，他说，"如果我向一位女性展现自己，这正是她对我的感受"。尽管我时不时地诠释，也许某些感受（觉得自己像个怪物、不可接近、令人厌恶）已经渗入并扭曲了他对自己外形的体验，但是他还是无法自拔地沉浸在自己的信念中。在他看来，自己确实看起来像个怪物，不至于可怕到让人尖叫地跑开，但也足以让人害怕——要么觉得他令人厌恶，避之不及，要么好一点的情况被人忽视遗忘。他很少照镜子，照相就更不用提了。

当他终于鼓起勇气请一位略懂摄影的同事为他照相时，这些自体体验维度就更加突显。当需要给对方发照片时，他的网络约会就会陷入僵局——他的认知里自己是个怪物，发照片当然让他非常回避。他如坐针毡地等同事发来拍好的照片，我默默猜想，若杰克在看到照片的一瞬间立刻讨厌上它们，而约会的努力也就此功亏一篑，那我毫不意外——没有什么比信念被证实更令人痛苦了。然而，他涌现的举动让我们都非常吃惊，他惊叹地认为照片可以拍得更好一些，而且确实立刻买了部相机、自己拍了照，并立刻发布到约会网站上——所有这些都在一天之内完成！他对自己的所作所为及照片中的形象感到相当自豪——那个两年半以来我一直治疗的"怪物"去哪里了？

推断和理解此处所涌现的内容的方式可能有很多种，但毫无疑问，两人——杰克以及那偶尔悲观挫败的分析师——已经经历了联合体验世界中的一个转变。这就是化学中贝洛索夫—恰鲍廷斯基反应（Belousov-Zhabotinsky reaction，简称BZ反应）在治疗中的等价物。BZ反应指在清澈、稳定、可预测的化学溶液中突然出现的显著的、可辨别的模式和颜色改变，可预测性和线性崩溃了，显示出系统的实际流动性和不可预测性。这与上文提到的态度5相吻合，也是复杂适应系统的自我催化行为（autocatalytic behaviour）的显著例子。这个由杰克、我，以及杰克生活中的重要他人（过去、现在和想象中的未来）所组成的关系系统本身，以一种自组织（self-organized）的方式产生了自主改变。考虑到有众多变量在起作用，要准确地指出导致改变的主体是什么（或是谁）是不可能的。我们也许能够在分子生物学领域（molecular biology）通过回溯识别引发细胞结构转变的特定催化剂，但是若将情绪体验的介质纳入考虑，催化剂就不容易识别了。

一个特别富有启发性的实例发生在治疗早期。在这之前，我感受到的杰克是个情感受限、高度谨慎、非常注意遣词造句的人，就好像他正在对着观众表演，只要稍微显露一点情绪生活或创造性方面的痕迹，这些观众就会严惩他。

对于有助于反思的试探性问题,他准备了一个完整的、预先设计的"索引卡片"来应对。对于他而言,我就是一个无情的面试官,他最好给出正确的答案,否则我会将他遗忘或者觉得他很怪异。我的询问越模糊,他就越焦虑。

在一次我们都特别焦虑的交流过程中,他谈起觉得生活没有空间感,不能在感兴趣的绘画和建筑方面发挥创造性。当询问他对于这种"受限和被抑制"的感受有什么想法时,我注意到他犹豫了——按惯例在脑海中搜索标准答案式来回应时——他眼睛一眨一眨地盯着地板,仿佛玩竞速游戏时遇到问题宕机了。不过,尽管焦虑不已,我也短暂地注意到一丝温和、柔软、有活力的表情拂过他的脸庞。一刹那,我瞥见了一个充满活力的、可接近的、富有创造力的杰克——似乎这正是我一直等待的杰克,虽然在此之前我并没有意识到自己一直在等待着什么。他很快从令人尴尬的迟疑中恢复过来,给出了一个似是而非的回答。我也很快地做出诠释并询问他是否注意到刚才发生了什么,他说:"没有啊,你指的是什么?"我和他分享了我的体验,形容了在刹那间感知到他容易接近、有活力、不确定和不知所措的一面。他微笑着承认,说那是他从未允许自己成为的样子。接着他开始呼吸急促地啜泣着,更确切地说是泣不成声,还时不时地含着泪水瞄我一眼。当他猛地从椅子上站起来,看起来要起身而去时,我说:"也许现在值得我们再待上一会儿。"他又坐回椅子上,我接着说,"我认为我们触及了某些富有意义的事情,这正是我们俩都在追寻的,也许我们可以谈一谈。"他似乎被这些话语触动了,眼睛睁得大大的。接下来我们密切而细致地交流了他在这个突然的反应中浮现出来的恐惧和羞耻，他好像怎样都无法理解，在分类卡中也找不到对应的回答，而这让他恐慌。我告诉他，我可能不经意间看到了他身上的某些特别之处——那一刻的杰克，没有预设的回应，没有躲闪我的攻击、抛弃和回避，而是真切地呈现生命和情绪——这可能相当地触动他，当然同时也吓到了他。他对我的这个诠释表示赞同。我认为这个意外插曲非常关键，它将我们的关系推向新的方向，让系统的轨迹发生了转变，开始能以不同的方式彼此协同适应。他走出房门时的交流互动也许标注或反映了这个转变——杰克说："天呀，对这一切我很抱歉——我感到我应该道歉。"我风趣地回应道："没关系。随它去吧，但仅此一次。"当他冲着我傻笑时，我再次看到一种惊讶和生机拂过他的脸庞。在那个短暂的时刻，我们见证了快速变换、相互矛盾的吸引子状态（attractor states）在治疗过程中持续涌现，并刻画了关系。作为关系系统的特点和产物，风趣幽默也发挥了重要的作用（Lear，2007）。

一种复杂性视角可能会认为，我对另一个重复系统（repetitive system）的扰动带来了可预期的焦虑（Trop，Burke & Trop，2002），暂时把它转变为一个可变化的系统（Lachman，2000）。但是，有必要强调的是，我们不能明确这个扰动是什么，以及在治疗系统中到底谁在扰动谁。事实上，这里的扰动是系统特性的涌现。正如我一直所相信的，这个偶然的治疗效用并不在于我做了什么。和我一样，杰克也扰动着这个系统，通过他简短的、意料之外的、充满活力的"犹豫"；通过他拉着门把手，突然害羞地道歉。这扰动了我和我们的系统，就像我对他的回应扰动了他和我们的系统。

有关精神分析复杂性的例子有很多，例如用以理解和描述丰富而有用的变化、涌现及其不可预测性；系统的自我催化倾向；处于治疗"临界点"的益处；识别遍布系统各个要素的情绪体验和意义所承载的责任，等等。但是，要如何将理论应用于临床工作中呢？正如本书通篇所体现的，要回答这个问题，切入点是复杂性敏感力中的基本态度。

首先，精神分析复杂性视角毫无疑问涵盖了精神分析中有关治疗行为的相对可靠、真实的假设。主题包括：患者在主体间衍生的组织原则；探索、理解和诠释勾勒了患者体验世界的情感（Stolorow et al, 2002）；患者和分析师的主体客体结构——在治疗关系的情境下得以呈现、卷入并被生动地体验（Davie, 2004; Mitchell, 2000）；患者的自体客体需要，以及在治疗关系中不可避免的破裂与修复的循环渗透（Kohut, 1984）；鉴别分析师与患者的独特性是否匹配（Bacal, 2011）；患者或分析师（非象征、非语言表征的）的内隐关系——可能从未显露，但往往决定了双方共享的体验世界的最终轨迹（Boston Change Process Study Group, 2007; Fosshage, 2005）。换言之，你可以在这个大象般庞大的体系中选择任何想要的部分（但要小心其立足点）。其次，精神分析复杂性视角所具有的突变作用绝大部分基于治疗关系中传递出的基本态度，以及治疗二元关系最终采取的态度。

如果只采取一种视角，我们可能会（例如根据移情测试）直接选取"不一致理论（disconfirmation theory）"，认为正是我与杰克对关系不一致的期待带来了杰克的"转变"。确实，我没有如杰克自己所认为的那样，觉得他是个被羞耻感折磨、易被遗忘的怪物，我也没有以那样的方式回应他。又或者,我们可能会考虑整合理论(integration theory),认为杰克的转变是我们共同的意愿,让许多之前被隔绝和(或)分裂的自我—他人结构在关系情境内活现出来(Davies,2004)。我们也可能单独采纳领悟理论(insight theory),认为是对体验来源的探索和理解,引导他领悟他是如何体验自己和世界的,然后就顺理成章地放弃或再组织本能要求(S. Freud,1933)。此外,我们还可能采纳缺陷理论(deficit theory),认为同调的自体客体在场,使其能够涵容治疗过程中不可避免的、对幻灭和破裂的消极反应,其结果是杰克的自体结构缺陷得到了根本性修复或填补(Kohut,1984)。

与以上理论视角相反,我相信在这个特定的治疗情境中确实有效的因素,是关系过程中系统性产生的关于情绪体验和意义的态度。我们逐渐开始能够识别出系统处于什么状态,是过于有序还是过于随机。通过试验性的探索,我们了解到杰克涌现的情绪体验取决于联合的历史、当前情绪状态以及关系环境,这是动力性的过程,并非源于主观孤立的精神中介(也不是简单地源于被遗忘在超市的童年经历)。

根本上,我认为精神分析复杂性对于改变我们对待他人的基本假设和态度非常有用;反过来,这也改变了我们与他人(即我的患者)互动和联结的方式。它传达了这样一种关于人类的感受:本质上,你无须为你的情绪体验负责,即使你最终可能还是想要为此负责——有时也必须承担起责任(态度8)。它表示的是,你并没有创造自己,虽然你可能希望是自己创造了——也能够创造——你的所想、所感、所为。这意味着情绪发展是非线性的,你将成为以及如何成为谁,都是不可预测、潜在流动的，是作为一个更大的、协同适应的复杂系统中诸多要素的功能而涌现的（态度4和态度5）。另外，这也意味着，你并不是某个可以被定义、被标签化、被处理和被安排的类属（态度1）。坚定明确的一点是，人是能够改变的。但在变化发生之前，我们并不能提前知道什么可能带来变化，或者变化是否真的会发生（态度6和态度9）。

更为广义而言，治疗行为可以概念化为持续探索和理解患者体验世界的过程，尤其是特定感受的来源以及体验世界的起源。众所周知，这也使探索和理解分析师自身的体验世界成为必要，包括清晰地考量治疗谈话情境的各个面向，持续地（也但愿是清晰地）鉴别体验和关系性学习中内隐的、非表征的维度（Fosshage，2005）。这会不由自主地对由二元关系中协同适应、相互组织的方面产生至关重要的作用（到目前为止，探索患者的体验世界意味着探索并试图诠释更大的情境——我们都是整体构成要素之一）。这个过程也需要个体持续对感受保持敏感度，对极富生机的感受、自我扩展、自我整合以及人际互动的深化保持清晰——对当代的精神分析范式而言并不罕见。然而，更为特别的是，二元关系协同的发展，产生一种对过去、现在和想象中的未来的起源的认知，在关系系统扰动过程中扮演着重要角色——崭新的、更有用的体验模式得以涌现。重要的是，这些更有用的体验模式不应该被建构为更具现实基础的、更客观或者更真实的。最终，这些体验轮廓因不断重复而获得可持续性，被互相渗透的关系系统支持，并贯穿患者生活。

既然这种扩展对治疗行为而言如此关键，那它是什么样的呢？为什么这种扩展对改变至关重要？我们暂时回到杰克的案例。多年以来，杰克（和我）的兴趣点不仅仅关注他如何体验自己（容易被遗忘的、怪异的）、个人历史（可怕的）以及环境（时而顺利时而危险的），还关注于他为何以这样的方式来体验。在很长一段时间，杰克确信这些体验是由父母情感缺失导致的。他认为自己没有能力从过去的环境中解脱出来，因而自体一直被固定为"易被遗忘和怪异的"，对于世界的感受也僵化为"苛刻和抛弃性的"。在关系情境中，随着深入探索特定的体验维度（即自体—客体结构断断续续地活现），我们的关系唤起和疏通了他的关系历史，从而成功地让"昔日的幽灵重返人间"，在"舔舐鲜血"后"消散而去"（Loewald，1960）；我们也即时构建了他的体验，成为其体验世界中具有整合作用的部分，正如其历史和对关系的未来感受的整合作用一样。

治疗关系不单单是一种"修通"或者"解决冲突"的方式，更有帮助的是将其理解为一种扩展个体体验世界的基本资源，以呼应他的历史、当前心理状态和环境对体验的不同定义。在治疗上，我们不希望得出并保持有关情绪生活的结论，因为这缺乏昭示来源的持续的复杂性，剥离了与情境、过去、现在和想象的未来有关的意识；相反，我们要发展持续的、频繁转变的、多重来源的认知，这对体验有所助益。

换一种说法，如果说感知、意义和关系方式方面的可持续变化更有可能发生在一个复杂的适应系统内，而这个系统或多或少处于有序和混沌之间或者"稳定在混沌边缘"，那么当他们的关系朝着或处于那个方向（即不再过于有序或随机）时，患者和治疗师最好能够有所觉察。当然，这是通过对话完成的，也是通过精神分析关系的核心精神来实现的——

充满好奇、对探究和理解的渴望（态度10）。

具有突变性的不仅仅是治疗师忍受意料中的痛苦情感的意愿和能力（那些时不时渗透在治疗工作中的、难以避免的厄运和黑暗），还有治疗师于内在传达的含义：对于患者、对于我们的认识，远远超出迄今所知的内容——有些东西远超出历史、设定和当下得出的结论。

治疗行为：反思

在思考治疗行为前，我希望花点时间重新讨论**治疗行为**和**治愈性改变**之间的区别。对我来说，治疗行为指发生在患者和治疗师之间且能够给患者带来积极变化的行为；而治愈性改变指在患者和治疗师看来有助于积极地推进患者体验世界发展的（治疗行为的）结果。需要注意，"有助于"和"积极地"之间不存在特殊差异。治愈性改变是一种基于个人的后验现象，不是事先规划好的。我认为这就是Bacal的特异性理论的要点和精妙之处。

在Friedman（1988）对心理治疗和精神分析里治疗行为的精彩阐述中，我们可以看到他没有区分治疗行为和治愈性改变。他从精神分析史中提取了三种治疗行为的核心模式：领悟、依恋（或新的关系体验）和心理整合。在我看来，前两种属于治疗行为，第三种属于治愈性改变。我曾在其他地方指出，在治疗行为中凝聚的真实感是关键要素（Coburn，2001a）。这是"行为"和"改变"两者含义相重合的一个例子，因为"凝聚的真实感"既表征了有着转变作用的元素（行为），也表征了这一转变的结果（改变）。Aron（2000）的"自我反身性"（self-reflexivity）也同样具有双重含义。

从这个角度来看，对于治疗行为和治愈性改变，复杂性理论能告诉我们什么呢？例如，我们是否能将治疗行为概念化为这样一个过程：治疗情境中新的系统体验模式被泛化到治疗情境外的其他场景？如果是这样，那这一过程是如何进行的呢？一旦个体跨入了一个情境，是否还有可能再跨出该情境？作为具有多重关系的主观个体，当我们从一个情境转移（或进入）另一个情境时，是否带着长期形成的、来自相似系统的体验轮廓？换句话说，我们是否随身"带着"组织原则或体验轮廓，就如同笛卡尔式的感知觉随身带着内在生活和幻想？我们是否随身带着对关系的预期（Beebe & Lachmann，1998）或自体和客体的表征？又或者，对于不同情境中相似主题的体验模式（传统上被认为是移情的一种形式），是否还有其他理解方式？

此外，如果说在分析环境中探究得到的组织原则或体验轮廓，必然是分析双方共同构建的系统性组织原则，那我们如何才能贴近患者的历史和过去情境下的原则呢？进一步讲，我们需要这样做吗？理论上，在精神分析和心理治疗情境中产生的、对于分析双方而言具有独特属性的系统性体验模式，与作为患者家庭核心来源的、更贴近患者成长史中的独特的体验模式，两者的区别是什么？还是说这样的区分是错误的？我们探究的究竟是什么？

后一个问题已由 Aron（1996），Mitchell（1993），Stolorow，Atwood 和 Orange（2002）等理论家们研究和阐述。他们强调，精神分析的主题必然包括患者和精神分析师双方的主体性。在其他情境中，这被称为在治疗二元关系下对移情—反移情结构的考量。然而，一种更为彻底的情境主义路径认为，不仅要认识到分析师主体性的必要性，还要将所有心理现象理解为分析双方互动的组成部分和产物，与其他不计其数且相互贯通的复杂系统相呼应。通过设置框架（见第四章），可以任意地限定系统，某些系统也可以优于其他系统。如前所述，复杂性理论主张所有心理现象都是系统过去、当下状态和环境的产物，并且这三种情感体验来源之间的界线必然是模糊的。

从这种更为彻底的情境主义观点出发，我们能够更合理地说明这样一个事实，即在咨询室**内部**发生的治愈性改变似乎可以被泛化到**外在**世界关系中。迄今为止，泛化这一概念——最初源自行为主义——使精神分析理论家巩固了这样一个观点，即一个孤立心灵所经历的治愈性改变只是在回应另一个孤立心灵的干预。并且这些改变与外界隔离、不受**外部世界**的影响，被认为是个体自带的——就好像他此刻是在不带移情的、孤立的内在世界中沾沾自喜的"事后诸葛亮"。"相对地不带移情"意味着，患者能够不受高度主观的、扭曲的感知视角影响，体验一个完全客观的世界。然而，在当前复杂性和非线性系统知识面前，这种传统观点已轰然倒下。

如果接受探索的主题，即在咨询室里系统性地聚合体验感知模式——它们是系统自组织的结果——并且这些体验模式的演变和转化很大程度上归功于对它们的诠释，那么又该如何概念化个体身上发生的改变呢？基于这一理论框架，技术不再依据个体的改变而改变，而是归功

第一章 复杂性、治疗行为及杰克的案例

于系统性改变。这一系统性改变随后对患者的关系世界和其他体验系统产生了深远的影响。换言之,单独的个体不会发生改变,只有系统在多个层面发生变化。也许更恰当的表达是,表面上的改变重复和散布于所有系统及其对应的构成部分中,正如系统及构成部分在第一时刻支持和促进了这些改变。我们再次看到复杂性理论是如何阐述多种体验世界的变化。贯穿在各系统中的改变以非线性的方式演化,并被丰富的互动所影响。局部看似微小的扰动(如分析性关系),可以对更大系统内的其他部分产生相当大的影响,反之亦然。这让我们明白,分析师一个看似无关紧要的简短评论,将会对患者产生深远影响,而有时过度干预和精心准备却收效甚微。

这会在两个抽象层面上起作用(态度7):在现象学层面上,我们可能**体验**到他人和自己的改变,变得与之前不一样了;在诠释层面上,我们必须理解变化一直发生在系统间——多个系统组成部分以不同的模式持续地组织并重组,就像台球被球杆击中后,它们之间的相互位置是在不断变化的。因此,个体的改变可以被理解为一个复杂系统(具有无数组成部分)的改变出现在个体水平上。很多时候,发生在个体内部的心理现象(如梦、幻想、感觉)本身是一个更大系统组成部分的涌现——它的所有权是模糊的(我们再次见证了Taylor在重新定义自我时使用的隐喻的实用性)。我认为**模糊的所有权**这一术语是Cilliers(1998)关于"系统组成部分间非线性的离散关系"的另一种说法。因此,患者的治愈性改变必须被理解为是更大系统或多个系统的特征涌现。换句话说,当我们谈论个体身上发生的变化时,就产生了一种人为的建构,必然将个体

从更大的情境中剥离出来——这正是几十年来传统精神分析学说所做的事。相反,非线性系统认为,分析的二元关系部分由持续变化的系统历史塑造,而这个过程又由患者和治疗师共同呈现。随后,分析二元关系中浮现的系统特性创造了改变,使系统得以更新或改良。包括患者在内的所有系统的变化,都以非线性的方式继续演变。

在下一章中,带着这种复杂性敏感力,让我们更深入地探讨精神分析和心理治疗中分析师态度的潜在特征、意义和作用。

第二章

态 度

态度远比事实重要。

——卡尔·梅林格(Karl A. Menninger)

在各种可能发生的改变过程中,分析师对患者和治疗过程的态度最重要。

——埃丝特尔·肖恩(Estelle Shane)

在讨论精神分析复杂性的临床价值时,我专门提出了治疗师的态度具有的关键作用。这些态度往往是内隐的和前反思性的,对分析师、患者、治疗二元关系、分析关系的轨迹都有巨大影响(Coburn, 2007b, 2009; Frie & Coburn, 2011)。当然,患者的态度也会对分析师产生类似影响，最终的涌现往往是治疗双方多层面态度的聚合。*协商各自的主观性（Pizer，1998），体会交流中态度的不同，都会影响治疗关系的进展轨迹。不需要深入阅读（但我建议你这么做）Hoffman（2009）、Orange（2009）或 Shane（2007）的著作，就能领会个人态度在治疗行为中明显的核心作用。如 Friedman（1982）所说，如果态度是"非故意诠释"，那它们肯定在大多数时候强有力地决定了共同构造的关系轨迹，也决定了分析双方最后会获得怎样的真相。态度自然会影响理论构建和理论选择（Atwood & Stolorow，1979），正如对特定理论的拥护反过来决定了临床态度（这是反馈回路的一个例子，又叫循环发生，属于复杂性理论），许多态度是未被公开表达的（Stern，1997），或者存留于不假思索的已知领域（Bollas，1987）。我们希望能够把它们从内隐领域中提取出来，尽管并不总能成功做到。然而，它们会在二元关系和社会—文化—历史系统中产生反向作用。作为临床工作者，我们有必要检验它们在治疗情境中发挥的作用。对事物运作的态度，对建立特定的二元关系的态度，确实逐渐成为探究的主题，并被分析参与者有意识地精细描述。

　　态度是任何科学、哲学、艺术或实践行为的核心。即使传统上许多学科强调中立客观的假设，强调悬置预设态度——但这本身就是一种态

---

* 可以说，患者与分析师的区别之一在于，分析师特别关注对患者以及分析师态度的明确检查，包括情感效价、潜在的组织主题和关系倾向；而患者可能没有这个倾向，这取决于患者的个体差异。分析师邀请患者保持好奇并进行探索，而患者可能会也可能不会接受这个邀请。自我和动机系统理论模型（Lichtenberg，1992）很好地描绘了参与双方在动机机制不同的情况下频繁出现的不和谐（例如，分析师希望保持好奇并进行探索，而患者可能想要依恋、性爱或躯体安全）。

度，决定了方法，甚至改变了研究的主题（Heisenberg，1958）。例如，尽管"总是发现生活的阳光面"这个忠告充满了解离和讽刺意味，却流行于各种大众心理学，它本身就构成了某种态度。当然，在精神分析和心理治疗中赋予态度重要的作用和影响，本身也是一种态度，我们所立足的观点无一例外。Stolorow 和 Jacobs（2006）提到态度具有无处不在的情境嵌入性：

> 诠释可能不带前提吗？追溯海德格尔及其学生伽达默尔的观点，答案是否定的。依海德格尔之见，在任何情况下诠释都是一种"前结构"，诠释者的诠释行为包含着一种引导性的观点或诠释性的框架。不同于胡塞尔的观点，凭借这种诠释框架，诠释"……从来都不可能以不带预设的理解呈现"……因此，体验的本质永远不可能是普遍的，必然是先验的"纯粹构想"。

确实，任何观点都有其出处（Nagel，1986）。

另一个关于态度的词（还有其他许多词）是**假定**，根据《剑桥哲学词典》（*Cambridge Dictionary of Philosophy*，Audi，1995），其操作性定义是"说话者在做出断言时觉得其已全然理解"。这个定义没有涉及的是，说话者已理解的事物往往并不是其意识到的，也不必然能被听者立刻有意识的捕捉。人们所持的假定常常是内隐的：有些假定在动力学上是潜意识的——在意识上飘忽不定；有些假定是无法确证的——可能从未被澄清过（Stolorow & Atwood，1996）。还有一个关于态度的词是**处境**（在处境中，体验世界不但被生活—文化—历史背景塑造，而且最终使我们以特定的方式与他人他物建立联结）。我们可以在几何学和地质学中见到这一现象——研究主题常常是某一线面与其他线面的关系，例如几何平面仅在相对于另一个平面时才相关。类似地，在描述复杂性和对**关系**一词的更深含义的评论时，Ghent（2002，p.771）写道：

> 注意这句话"这些解决方案源自关系，而不是被刻意设计"。这让我想起了"发现了混沌现象的法国数学家亨利·庞加莱（Henri Poincaré）的话：'科学的目的不是如教条主义者所简单假设的那样在于事物本身，而是事物之间的关系，在这些关系之外不存在可知的现实'"（Kelso，1995）。对我而言，这层含义赋予"关系精神分析"这个词以力量和重要性，而不是作为人与人之间的关系这一表层用法。

我要补充的是，在分析师的态度和患者的态度两者关系外，不存在现实中的涌现及可以捕捉的轨迹。

心灵哲学谈论**命题态度**（propositional attitudes），指的是将个人与命题（个人的所思所想）关联，并且与世界有效关联的情绪姿态（Ramsey，1990）。提出某种观点也意味着在情感上持有的立场。在语言学上，动词反映了命题态度：

> 我们应该给予诸如"相信"和"希望"等动词什么样的称呼

呢？我倾向于把它们称为"命题动词"。这只是方便起见，因为这些动词具有把一个物体与一个命题关联的形式。正如已经诠释的，并不是说它们真的是命题动词。当然，你也可以把它们称之为"态度"，但是我不喜欢这么叫，因为态度是一个心理学术语。尽管我们经历的所有实例都是心理的，但没有理由认为我提到的所有动词都是心理的。

(Russell，1918)

与罗素相反，我偏好态度一词正是因为它是心理的。

在讨论命题态度时，我们也要考虑**匹配方向**（direction of fit），这也是心灵哲学的概念（Searle & Vanderveken，1985）。根本而言，心灵—世界匹配涉及关于世界（或关于他人）的信念（belief）最终是否被认为是正确的。反之而言，世界—心灵匹配涉及关于世界的意向或欲望最终实现与否。需要强调的是，这些关于匹配性（fittedness）的概念会把我们回溯至笛卡尔的世界观——心灵和世界被认为是彼此脱离接触的独立实体，这是复杂性敏感力所不赞同的观点。当一位分析师对患者说："你在为自己所有的苦难承担责任。"基于内隐态度，他潜在地将两种匹配方向合并在一个单独的句子中。潜在的信息可能是："我看到你为自己所有的问题担负了责任，觉得自己是所有苦难的原因。我的建议是，这个想法可能并不正确，可能还存在着不在你掌控中的其他因素。"（分析师关于患者及其世界情境的信念——心灵—世界匹配）；而"我也想建议你，对于所遭遇的一切和所经历的痛苦，你并不负有全部的责任——这么想可能对你有帮助"（分析师对于患者的意向或欲望——世界—心灵匹配）。两种匹配方向，或其中的一种，事实上都能体现在所说的话语（或没有说的）中。命题态度无处不在，是人类进行关联的组织要素。正如态度是"非故意诠释"（Friedman，1982），诠释总是有意无意带着态度。

既然态度这一概念有多重维度，能以多种方式定义，那我就摘取Maduro（2011）的话，提供一个特别有说服力的态度定义：

> 一个人在既定时间和情境中的态度是其主观性的体现，这涉及他的信念、感知优势、情感倾向、具身形态、行为和风格，以及其他个人主观特点之间的复杂融合。进一步说，这个明显的主观融合——或者说态度——在主体间领域总是不断地传递给他人（尤其是隐含地传递），或在一定程度上被他人感知，并充满了可信度，这可能是所有反映个人主观性的内容中最可靠的一种。因此，态度及其产生的关系动力涉及复杂的、非线性的、具有高度影响力的意义形成过程，这一过程在情感上可以是治愈的，也可以是有害的。

Maduro提到个体潜在的态度"充满了可信度"。正是这点给予了态度——区别于意识观点或思想沉思——以突变的力量，部分是因为态度的接收者并不能以任何方式被轻易说服、教导或强迫，也不缺乏对诚实的感知，对说法偶尔确信。在某些情况下，个体更倾向于概念上非意向性的线索（Phillips，1999），即不带改变、说服或哄骗的态度。当然，有时态度的确担负着改变这一首要任务,但最好不要让这一意愿取代了询问和理解。另一个具有吸引力的定义可以在Piers(2005,p.251)关于心灵及其相应态度的描述中找到:

> 我把心灵看成是一个安排、协调和组织主观体验的非线性系统——包括对自我的主观体验,但又总处于一系列预设态度中。这里的态度指的是心灵在与主观体验的联结中具有的特定视角或有利位置,这使它处于一种带有偏见的状态中,以独特的、可识别的方式去感知、组织、诠释、回应和记住体验。

态度,在我看来,更像是持久的涂鸦(Winnicott,1971)。

值得注意的是,虽然态度具有高意向性、高复杂性、潜在理解性和内隐性,但不意味治疗师的态度不能被患者体验为说服、威压或相悖于体验和信念。在真实发生和反馈之前,我们永远无法知道他人最终会如何体验和同化自己的态度(Stolorow & Atwood,1996)。因此,双方对同一个心理事件的体验方式会相对不同,这就需要治疗师尽可能地同调患者对诠释的持续互动和反应。当任何迹象显示出患者将治疗师体验为"威压的"或"违背意愿说服我的",那么细致、持续的探讨就是治疗系统中最基本的要素。这也并不是说不应该直接、有意识地表达特定的态度。在2009年的研讨会上,Hoffman一篇题为《反移情中的治疗热情》(*Therapeutic Passion in the Countertransference*)的文章把这种敏感力视作典型。他认为"有一些文献延续了认可'治疗师不可避免的影响'这一精神，同时对影响的建构性潜质颇有微词"。当然，影响力是精神分析和心理治疗的核心，没有必要抬高或贬低它。询问和探索这一简单（当然也没有那么简单）的行为本身就具有极大的影响力。

关于临床工作中应该采取明确态度，已有许多精神分析文献有所谈及。Schafer（1983）的著作就是一个例子，他对精神分析行为中的基本态度提出了明确的建议。当然，在他之前，弗洛伊德（1912，1913b）已经提出用类似的客观或观察性态度指引分析师，包括中立、匿名、节制、自律。近来，Lichtenberg等人（1996）提出了10条分析师应该如何进行临床工作的指导原则，反映出有意识地采取特定态度的优势。关于具有影响力的态度在精神分析中的作用，我发现了一个引人注目的特别例子，即Aron（1996）对自我暴露态度的强调。他谈到，他对自己的体验与患者对他的体验可能是矛盾的，这体现了"尽我所知"的敏感力，揭示出他作为分析师的潜意识——患者可能瞥见了不那么个人化的部分。这种形式的可误论（Orange，1995，2006）反映了一个强有力的态度，为扩展自我认识和人类联结打开了更多可能性。但是，这确实需要我们有意愿容忍一种健康而令人痛苦的笛卡尔式焦虑（Bernstein，1983），包括不知道是否认识了自己的不安，或者不知道他人对我们的认识要多过我们期待对自己的认识。Frank（1997）扩展了这一点，他强调了一种"有意愿被认识或被发现"的态度，呼应了接受"患者可能比我们更了解我们"的态度。Frank（2012）说道："我们有必要接受这样一种观点，即患者是帮助我们获得自我认识的不可或缺的合作者。"这是众多有影响力的态度中的一个，帮助我们打开探寻和联结的空间，否则治疗二元关系可能是持续封闭的。

相反，有些态度可能是具有威压和侵入性的，这些态度与不断维护和保护自己熟悉的自我感有关，或与持续僵化认同生活中的重要他人有关——往往会约束我们的情感世界和关系选择。在现象学层面上，Benjamin（1998）关于互补性分裂的概念体现了这一点。这一概念指的是双方或其中一方坚持要在对自己和他人的定义中占上风。与Benjamin的观点一致，Davies（2003）写道：

> 对我而言，那些显而易见陷入不可避免的治疗僵局的案例，总是呈现这样的困境。患者和分析师成了对方观点威压性投射的囚犯；双方都无望地被另一方定义了，无法逃脱拉锯般的互动中的强制力，也无法以更加具有创造性和主动性的方式行动。我认为，最大的问题是某种特定且潜在的反移情空间被破坏了：在这一空间中，分析师的游戏性幻想是栩栩如生的；分析的自由幻想往往能够激发创造力，带来更有希望的回应，避免重复的死循环。

以Davies为例，患者可能会说"我要你爱我"，但分析师却仅从字面含义来理解，不去揭示这一命题中包含的感受或态度。若与世界—心理匹配（在这一例子中是不匹配的）关联，这个命题态度涉及的可能是没有被满足的要求和带有攻击性的欲望；取决于分析师的回应（例如，防御性地逃离更深的卷入），潜在的治疗游戏空间可能会坍塌为Davies所描述的"重复的死循环"。这种患者和分析师双方都会有的傲慢的、要求的、威压的态度,把生动性和动力性从复杂的、二元的系统中抽离出来。为了保持关系的动力、不可预测、生动、活力以及开放的可能,有些态度要优于另一些态度。

另一个考虑优势态度的核心概念是标记性(markedness)(Aron,2006;Benjamin,2004;Fonagy,Gergely,Jurist & Target,2002)。 从Aron(2006)和Benjamin(2004)的观点中,我们可以推断,干预——不管是言语或其他——必然被标记或带有相关态度,正如镜映回应总是包含着自身主观性的面向,带有主观性的标记。这种行动不仅可以增强自己关于自我或他人的描述感——借他人的心灵来认识自己,而且还为彼此的认知提供了基础,无论我们喜欢与否。Aron写道:

> Benjamin(2004a)描述了"自我—他人分化的符号化第三方"的原则,并称之为对"标记"或"被标记"的回应。这一标记性观点最早由Gyorgy Gergely提出,Fonagy等人(2002)阐述了情感镜映的社会—生物反馈理论。 最新的"镜映"概念化强调,不管患者与其孩子的状态同调得多么好,其镜映的表情、言语和行为都无法与婴儿的行为表达完美匹配。母亲或其他成人,会放大自己真实反应的某些部分来"标记"情感镜映的呈现(意味着这些回应是对他人感受的反映,而不是表达自己的感受)。母亲"标记"了她对婴儿的镜映反应,以此来表示这个反应只是她个人的版本。婴儿识别并使用这种标记,将感知的情感与其对象

（父母）"分离"或区分，并"锚定"或"拥有"这一标记的镜映刺激来表达自我状态。

"标记"（目前对此几乎没有选择权）命题会把客观、中立的命题与主观感受或对于该命题的立场区分开来。态度可以被认为是一种标记的形式，一种关于已被镜映或仅被提及的事物的感觉、立场或印象。

Ferenczi（1928）提到共情由两部分过程构成：体会和评价。前者指一种共情过程，捕捉和理解了他人情绪世界的某个部分；后者指评估和鉴定通过共情而识别的部分过程，其中包含了以内隐态度的形式交流评估，这点非常重要。不存在不带态度的行为或表达，所有命题或诠释都标记了一种态度，反映了我们对所言所行的想法和感受。

显然，态度是具有影响力的强大的元信息，很大程度上决定了治疗关系的轨迹——什么将会被展开。相比个人主观性，态度对观点所产生的深刻影响随处可见。Frank（2012）评论说：

> 我们必须比以往更为有意识地理解自己的主观性，而不是仅仅将具有干扰性的"噪音"视为对工作和治疗过程来说至关重要的信息来源。

在精神分析史中，对人类主观性的态度（在下一章中会具体讨论）确实朝着更为理智化和有助于临床工作的方向演变，就像关于反移情的文献自20世纪早期起一直在发展（Bacal & Thomson，1996）。这些文献逐渐而确定地反映出一种根本性的探讨,即分析师对个人主观性的观点和体验有何种作用。有利的是,我们近来更多地意识到主观意识会带来领悟和治疗效用,值得关注和尊重,而不是把它视作临床工作中理性而严厉的顽固阻碍。

暂时回到Hoffman（2009）的观点,他说:"通过主动的想象卷入,分析师有力量激发患者身上的改变,而这种影响力的实践常常是在诠释之外的,当然也涵盖在诠释之中"。我相信,他指的是分析师更清晰地传递自己对患者情绪世界以及该世界如何运作所持的确信态度。他也证实了分析师的影响力无可避免也无处不在,引述了Buechler（2002）:

> Sandra Buechler在将弗洛姆的方法引入精神分析工作的语境时写道,分析师对生活意义的深层信念会塑造其临床工作的各个方面,不论他是否有此主观意愿。为了面对这一困境,为了有意识地承受我们将要影响的对象是会感到害怕、困惑和沉重的……我们越有意愿承认个人的影响,就越少会使患者感到困惑,也越少迫使他们暗中收集关于我们的点滴信息。影响力不可否认,但我们能够选择勇敢地识别并面对责任,以获得启发鼓舞的勇气。

确实,许多外显和内隐的态度传递给患者的正是这种启发鼓舞。

细致地研究我们的个人态度,尤其是关于主观性及其相应认识论框架的态度,为阐释内隐态度在精神分析和心理治疗中的影响提供了启发性实例,包括它们会如何塑造和影响临床关系的轨迹。因此,在探索复杂性和复杂系统(第四章)并详述由复杂性构成的态度(第五章)之前,下一章提供了在临床工作中应用态度的案例,也揭示了本书的核心主题:思考精神分析复杂性,并详述在这种敏感力中产生的态度所具有的应用性。

第三章

关于个人主观性的两种态度

每一个人,任何一个人,都不仅仅是一个简单的人。

——哈利·苏利文(Harry Sullivan)

正如引言中强调的,精神分析不断变化的总体范式,比以往任何时候都让我们的注意力更加关注于个人主观性错综复杂的面向,以及其对他人和世界不可避免的影响(反之亦然)。它邀请我们更加细致地检验主观世界及所持态度:我们对人类主观性的痴迷从未间断,而对个人主观性的态度从根本上创造并影响了对自己的体验、对自己及患者所作所为的信念。更重要的是,它也影响了我们对患者的确定感和信念感,以及合作达成的真相。对主观世界的个人态度,在决定我们或淡然或严肃地坚持信仰体系上起着举足轻重的作用。

细致地探讨对主观性及其认识论框架的态度,有助于阐释自体体验是如何产生和发展的,以及我们最终如何与患者互动。态度也决定了我们如何看待确定感和信念感，如何回应对某物的认识或致力于认识某物的感受。进而，这些特定类型的态度也塑造和影响了有关潜意识沟通范围和变化及其他重要现象的观点，例如情感同调（以及同调失败）、情绪共鸣及一般的信息传递。这样的探讨提供了有用的例子，以说明态度如何在人与人之间发挥作用，并推动关系向独特的方向进展。为了便于思考态度在精神分析和心理治疗中的作用，本章提供了一个初始且特定的实例，探讨了主观世界不间断地嵌入在无法脱离的更大的情境中所带来的影响（态度2）。我将个体安置其个人主观性的相反态度称为超越性（transcendence），与嵌入性（embeddedness）并列，并且也可以在日常临床情境中被觉察。请将以下内容视为更大的思想实验中的一个。

有人认为主观性既是一种累赘也是一种优势，使我们只能使用有限的、特殊的视角工作。尽管具有界定性的主观立场——必然是普遍而永恒的——但它们也可以作为关系体验的有力来源，这些体验具有丰富的信息性和发展性（Bollas，1987；Davies；2004），并且可以通过与他人的合作性对话而演变和扩展（Lyons-Ruth，1999；Orange，1995，2011）。悖论在于，个人带有偏见的主观体验反而能给了解事物何以如此运作提供一个潜在的、清晰的窗口。其他人则认为，主观性是一种不可避免的、可预见的、可变的人性特质，我们需要围绕它展开工作（Kohut，1984）。通过充满自律的共同努力，我们最终能够把自己从主观性中解放出来。这种解放使我们对患者的情绪世界持有一种更加客观、更为真实的观点。在这一谱系的另一端，精神分析的客观主义者认为，对待具有心理装置的患者就像进行一个实验操作，我们能够在根本上保持清晰、客观的视角，只会偶尔被反移情这一异常现象阻碍，就像不可避免会在显微镜下看见污点（Freud，1910b；Grotstein，1977，2007；Kernberg，1976）。

科胡特是众多明确思考这个主题的理论家其中之一。在《精神分析治愈之道》（*How Does Analysis Cure*，1984）的"科学客观主义的问题"这一章中，科胡特邀请我们思考观察者解决客观现实、分析师对客观视域的追求、分析师的主观性及其对所观察事物的相对影响等问题，这些问题有时是模棱两可的。他写道：

> 是否真的存在着重要深奥的真相，可以让我们在评估时不用考虑对真相下断言的观察者？具体而言，是否存在处理客观的、可确定的信息材料的心理学理论，使我们可以不考虑观测工具，也不考虑制定理论并断言其准确性、相关性和诠释力的个体？

本段中提及的这个有趣的区别（以及两种现象可能的组合）适合用于考虑观察者对被观察物的影响。可以（事实上也必须）从两个层面进行概念化：首先，观察者独特的性格特质确实有助于形成和影响被观察的客体（或主体）（现在我们普遍认为这个假设是理所应当的）；其次，观察者的主观世界不仅影响和塑造了被观察物，而且也改变了观察者对被观察物的**体验**（这是观察者吸收同化被观察物的结果）。一方面，我所指的主观体验是体验世界的特征，这一世界是由体验者及其周围环境的独特性和异质性构成的；另一方面，我所指的客观体验是相对清晰、不受限制、被认为是可识别的对外部现实的认识；在这个层面上，客观的观察者可以被看作是计算机中的随机存储器，输入相同的 0 和 1 字符就能对应外部观察到的现象。在哲学上，这被认为是关于**真理和现实的对应理论**，可以追溯到亚里士多德时期（例如，如果有一个事实与之对应，那么这个命题就为真）。

对主观性的态度严重影响了探索主题的创造和构成，影响了对其的体验，并最终影响了观点的发现和持有方式（例如，把发现看作一成不变的真理）。它们决定了我们会有所选择地关注、澄清或忽视患者主观世界的某些方面，也影响了产生和保持体验的确定感和信念感的程度，以及我们最终会以何种方式与患者互动。本章把焦点更多放在这样一个观点上，即"什么是真实的个人体验"永远具有情境依赖性和敏感性。当我们考虑到在一个情境中熟悉、真实的体验会如何在下一个情境中快速地转换为新奇的、不真实的、不确定的体验，就能轻而易举地理解这个观点。

背景

传统上扎根于客观主义及单人模式的科学，包括精神分析、心理学、心理治疗及其相关领域，在 20 世纪一直持续经历着范式转变，类似的转变也发生在其他看似不相关的领域中。各种关于真理与现实的后现代观点取代了传统观念，最终，拒绝宏大叙事成为这场革命的特征（Baudrillard, 1994；Foucault, 1977；Lyotard, 1984）。它引发了对主观体验和意义创造的再概念化,并鼓励人们更加开放地接受更具动力性、多元性和透视性的思维方式(Aron,1996;Mitchell,1993)。例如,Orange(1995)回顾了精神分析认识论的发展,她讨论和整合了主观主义、相对主义、客观主义和现实主义的观点——每种观点都有各自的主张,提出了**透视性现实主义**(perspectival realism)的观点,认为"现实是一种涌现的自我纠正过程,只能通过个人主观性部分地获得,但在社群对话中能被持续理解"。

另一个例子是,阿伦(1996)将"认识论从实证主义向建构主义的转变,与精神分析元心理学从侧重力比多释放和驱力的单人模型向关系性双人模型转变联系起来",并使用了关系性视角主义(relational-perspectivism)一词。Stolorow(1997)甚至认为区分单人模型和双人模型已经过时了,他认为作为复杂性理论另一种说法的非线性动力学系统理论,为范式革命做出了重大贡献,也为精神分析过程提供了宝贵的隐喻。Shane等人(1997)也将非线性动力系统理论作为其自体心理学发展系统模型整体的一个组成部分。我们能在当今的精神分析和心理治疗中持续看到这些创新且高度整合的观点,将之作为范式转变的有力例证。一些作者讨论了这些观点对治疗实践的实际影响:如何以不同的方式与患者工作;如何在治疗中以不同的方式去感受;我们的假设如何在关系上改变对自己和患者的体验进而产生影响。

主体间系统理论与关系理论为再次思考病因学和认识论做出了极大的贡献。这些理论路径的发展(都强调分析师和患者之间的相互影响)有着不同的理论先驱,其中之一是从物理学中借鉴了互补性(Bohr,

1963）和不确定性原理（Heisenberg，1958），苏利文（1962）在参与观察的概念中也有提及；Sucharov（1994）探索了主要来自量子物理学观点的影响；婴儿研究为重新概念化精神分析病因学和认识论做出了巨大贡献，并持续发挥着作用（Beebe，2004；Beebe & Lachmann，1994；D. N. Stern，1985；Trevarthen，1979；Tronick，1989）。这些观点不仅突出了主观观察者的独特性、局限性和优势，而且强调了诸如**主体间领域**（intersubjective field）的概念以及与之对应的**分析第三方**（analytic third）的概念（Ogden，1994），其中"观察者和被观察者之间的互动构成了（关系）现象的内在特征"（Sucharov，1994）；而且非常重要的是，尽管区分划界观察者和被观察者是有意义的，但这一分界线却是任意的。温尼科特（1953，1965）的工作为认识和使用分析师和被分析者共享的不确定**性**及**过渡空间**（transitional space）奠定了基础。

主观性

当代许多范式的核心问题和解决方案都关乎主观性，包括患者的主观性和（在过去75年左右开始关注）分析师的主观性。患者对自己和世界的看法，被认为源自情绪失调，一直以来不是被概念化为主观的，就是被概念化为扭曲的、妄想的、基于移情的或以某种方式与假定的客观事实矛盾的。这种观点与传统科学主义和客观主义里关于现实的观念是一致的——这也是弗洛伊德等人的学术时代精神。确实，移情的概念最终都与内在心理过程对已知的外在现实的歪曲有关，即通过退行、移置、投射或其他普遍地替代面前清晰明了的事实（即"虚假联结"）的机制歪曲现实（Freud，1893）。如果个体关于分析师的观点与分析师本人的观点完全不同，则该观点会被认为是曲解现实的实例，分析师的任务就是要指出这点并纠正。有人以沉着优雅的方式为之，也有人以权威身份压制并带着攻击性。换言之，对于一些分析师群体而言，只要患者的观点与分析师的观点不同，就肯定存在着移情！

然而，在近五十年来的氛围中，患者的主观性得到了更多的考虑和尊重，并且也更加认真地重新概念化了分析师的主观性及其对患者的影响。从当代观点来看，分析师对真实事物的看法并不仅仅出自他独特的、预先配置的组织原则（Stolorow et al，1987）及关系倾向。现在，我们认为分析师的感知和体验反过来也会对患者的感知能力产生显著影响（Mitchell，1993），反之亦然。Balints（1939）在撰写分析师的反移情如何对患者的移情产生实际影响一文时就提到了这一点，在1939年，这已相当出色了！目前为止，婴儿研究为我们提供了大量的研究成果和令人信服的临床数据，表明个体对互惠和交互的心理生理影响的天然倾向，是与两人或多人共享的（Ainsworth & Bell，1974）。

有些作者认为分析师的主观性在很大程度上对患者的分析过程及其特点起着根本的决定作用。如之前提到的，Balint等人开始思考"移情是由患者单独产生的，还是说分析师的行为也参与其中"。当然，现在我们认识到，分析师的行为的确参与其中。连科幻小说家也认识到了分析师在临床交流中起到的根本作用："治疗交流的故事真正开始于治疗师的过去，而不是患者的当下"（Yglesias，1996）。科胡特（1984）提到"分析师（最好）能承认自己对观察的影响，这可以扩展他对患者的感知"。Cooper（1996）强调"选择从哪里开始、对什么进行诠释以及什么是分析的目标，都是分析师主观性显而易见的体现"。Fosshage（1992）从主体中心和他人中心的倾听角度，明确地指出了分析师的主观性具有强有力的影响。他强调：

> 尽管倾听（从患者的视角出发）是为了尽可能站在患者的立场上，但这显然是相对而言的，因为所听见的事物总会被分析师塑造。

即使是通过共情的感知模式（Kohut，1959；Lichtenberg et al.，1996）进行倾听，分析师对患者的体验也包含了主观加工的部分。

当代许多分析家不仅越来越多地诠释主观性对患者不可避免的影响，还认为主观性对患者具有促进和构成作用。个人态度在人际交流和治疗行为中起到中介作用。例如，Aron（1996）指出："不仅每种干预都反映了分析师的主观性，而且干预中所包含的个人因素恰恰也是使治疗效果起作用的最重要原因"。我在其他地方也讨论过（Coburn，2001a），正是主观性促进了患者和分析师之间根本的、共享的**真实体验**——Stolorow 和 Atwood（1992）称之为**真实感**（不要与真实检验的概念混淆）——这些体验是精神分析关系治愈性作用的关键所在。

主观性是由主观态度塑造和启发的，二者互相影响。这一观点与自我催化和循环发生的态度 4 相关。潜在的理论假设直接影响了感知的组织形式，最终影响与患者的联结方式，这一观点早已有之。Wolf（1983）讨论了理论对反移情特点和方向的影响。另外，Rabin（1995）在讨论分析师范式转向所具有的解放作用时，强调了理论对参与者的影响：

> 每个理论都存在导致某类临床错误的可能，虽然理解那些深信不疑的方法会自带固有错误，这实在令人难以忍受。

此外，Cooper（1996）扩展了主体性和理论所具有的强大影响力，他指出主体性、理论和实践者三者密不可分。Friedman（1988）甚至提出"心理治疗是一种受理论干扰的关系"。无论被视为干扰因素还是促进因素，治疗环境都与主观立场密不可分——Mayer（1996）强调"观察者持有的观点必定是研究临床事实时需要关注的一部分"。从相反的角度来看，Atwood和Stolorow详细讨论了个体的历史和主观经验对个人理论建构和立场的影响，以及应该如何与患者一起工作。他们阐明了：

> 如何在人格理论家自身的主观体验世界中，找到各种心理学理论的有力来源……理论家的主观世界不可避免地会转化为其关于人性元心理学的概念和假设，从而限制了理论建构的普遍性，并体现了个人存在的特质。

Cooper（1996）表示，"'理论'表达了我们内隐或外显的技术立场和对治疗作用的看法，总的来说表达了主观性"。正如个体的个人历史和过往的主观体验创造并影响了个体的理论建构和反移情,个体不断发展的关于主观性的态度既产生于也促进了这种主观性,有助于确定患者—分析师关系中联合的感知和关系结构。对主观性的态度有助于构建体验的方式(例如,持有和使用信仰系统会是什么感觉),建构我们如何诠释反移情,以及如何影响患者。

关于主观性的态度

在分析对主观性的潜在态度时,分析师是相对地**嵌入于主观性中,还是脱离出来**,这至关重要。当观察主观性对自我体验(并最终对患者体验)的影响时,我们可以考察主观性的不同维度。考虑到游戏、实验和例子,我描述了有关主观性的两种基本态度类型——**嵌入性**(embeddedness)和**超越性**(transcendence)。尽管主观性具有多种多样的态度,但特别有启发性的是嵌入或脱离的二分态度,这显然同时具有历史意义和争议。在思维实验中,它们代表了一个谱系的两端,可以用其绘制出态度性组织主题所处的位置。这些概念为以后的思考提供一个切入点,以便更全面地了解态度在临床环境中的作用。

嵌入性

引言中提到的嵌入性指的是"我们永远嵌入在情境中,无法脱离"(态度2),嵌入性态度假定主观状态的必然性和无法逃脱性。尽管热衷于斟酌并引用通用的科学语言,但我们仍必然是主观的,甚至对于许多人来说科学探究也不可避免地包含了主观性。Mayer（1996）指出"我们的工作（虽然是科学的）具有主观和主体间的典型特征"。根据Renik的观点，"科学真正的特征在于严格的方法。只要承认作为临床观察者的主观性，我们就是科学的"。这种嵌入的性质不受不变的组织原则限制，个体的主观性可以通过发展新的组织原则（Stolorow & Atwood，1996）以及更具适应性的联结方式而扩展，也可以通过将自体体验的潜在多样性带入关系生活中而扩展（Bromberg，2001），还可以被重新概念化为"感受到所有体验都是诠释性活动的结果"（Gentile，2007），而不是简单客观地观察**世界的残酷事实**（Holt，2012）。我们必然保持着主观性，并受到人性的束缚。苏利文（1962）强调说，"心灵这种基本实体永远不能影响对自己的崇拜，无论言语的迷雾有多么厚，'逻辑'有多么易变的宣传性。任何人都无法脱离自身，进行不超越心灵的冥想"。不管看上去多么不显眼，没有心灵可以在不影响和塑造世界的情况下观察世界。

相对于有关真理和现实的观念，主观性或客观性的问题自然会激发我们的认识论——关注患者和自身的确定感和信念感。对事物的确定感和信念感的体验使我们想要获取对事物的认识，并证明认识的正当性。毕竟，从某个角度来看，我们与患者坐在一起，卷入其中并产生领悟，增加对患者主观世界的认识，激发根本的突变性体验，扩展各自的体验世界，并且在总体上有所学习、发展和发挥。有时候，这个过程会增加我们对于自我、自体感、他人、双方关系结构的确定感和信念感。总的来说，我们的目的不是鼓励患者持续沉浸于混乱、困惑、迷茫，而是帮助自己和患者提升涵容这些混乱状态的能力，这对持续发展至关重要。我们想要学习，想要了解，想要对所知有感觉。对所有生命体而言，至关重要的是去识别、评估、组织、理解并得出结论。至少，涵容不确定性和困惑是很困难的，它与基本人性背道而驰。

尽管有这种想要了解并掌握所知的倾向，但在某些情况下向患者传达确定感和信念感会破坏患者持续再组织的发展，这是正确而清晰的自体体验感所必需的。在一个既定的主体间情境中，基于患者过往经验而使其在与分析师的体验中受益的，可能恰恰就是对自己的不确定。患者可能需要分析师有能力和意愿去涵容未知，并能延迟确信的表述，以维持分析中模棱两可的游戏性。这在彼时彼刻对患者可能具有构成性和转化性（Bacal，2011），即通过悬置认识、确定感和信念感，允许过渡空间和游戏持续存在（Winnicott，1971）。嵌入性态度可能有助于促进患者和分析师之间的这种体验，因为游戏性、模糊性和不确定性可能与分析师的自体体验更加一致，这可能在某些情况下对某些患者的发展更有帮助。

我并不是建议，分析师具有嵌入性态度就不会让患者产生真实、现实和确信的体验。正如Aron（1996）所说，"即使跳出确定性并放弃实证主义认识论的前提，分析师也还是会怀着信念感进行诠释"，这也是Cooper（1996）所指的"临床事实具有的暂时性"（impermanence of a clinical fact）。在某些情况下，分析师的主观性可能会有助于对患者的了解和确信，有助于为患者带来构成性的内容。这种敏感力与Orange（2011）的可误论态度和信任诠释学相呼应，用Aron（1996）的话说，分析师可能会更倾向于"解构患者呈现的或一起建构的故事线，这样大家都不会死板地固着于任何叙事建构中"。换言之，这反映了一种态度，"认识到我们'所知'或理解的内容必然是片面的，并且常常可能是错误的"（Orange，1995）。对患者而言，笛卡尔焦虑（Bernstein，1983）或"对无结构的混乱的恐惧"（Stolorow，1994）被激发，可能具有修复性和构成性。这就留给分析师和患者一起探讨，决定什么时候会感到具有暂时的情境相关性且是有效的。

超越性

超越性——并不源自复杂性敏感力——这种关于个人主观性的态度，使人感到如果抛开个体的特质性和主观视角，就可以对患者有所认识和假定，且这些认识和假定是真实的。它潜在地把**真实**和**理解**放在一个较少具有动力性涌现的框架中。对于治疗师和患者而言，它能产生并维持一种对患者的确定感和信念感，这可能有用也可能没有用。它还能减少焦虑，提供胜任感，有时对患者而言甚至具有变革性和构成性，这取决于当下的需求以及患者情绪世界的组织。

这一立场暗示着，尽管个体的组织原则普遍具有塑造视角的倾向，但一旦分析了这些组织原则就能将其搁置一旁，从而在探索过程中获得一种明晰、客观的视角（例如，患者及其对分析师的回应或关系性领域）。好像一旦理解了主观性，它们就不再影响临床关系。这与Slochower（1996）讨论的主观性的一个方面有些类似：在讨论分析师关联主观性情况下所具有的功能时，她承认"分析师的主观性在治疗过程中占据核心地位"。但是,她提到分析师的主观性可以帮助分析师通过有所选择的"抱持"而保护"高度敏感的患者"。她认为分析师有能力"在主观性与体验有矛盾时,悬置自己的主观性(用温尼科特的话说,患者的体验既能创造也能任意摧毁'分析师—母亲')"。Slochower也认为,分析师能够"暂时搁置或保护患者免受分析师主观性的伤害"。在某些方面,这一点在临床上是可以达成的,有时也是必须的。作为临床工作者,我们常常要决定特定的信息中哪些可以分享——取决于当时的情境。我们能够承认主观性,理解它,然后在患者意识之外悬置它。这种假设更为极端的版本,体现在我所谓的对个体主观性的超越性态度中。在此我再次强调,两人或两人以上个体间不断展开的无意识交流过程具有无处不在的相互性和互惠性,对这些过程的认识挑战了我们假定的掩盖能力,或搁置了个人主观性和主观状态。

对超越性立场的不同应用,体现在科胡特(1984)对反移情本身和反移情阻碍分析师作为观察工具的特定态度。他提道:

> 如果想看得清楚,就必须保持放大镜镜片的清洁;具体而言,我们必须识别自己的反移情,最大限度地减少其对理解患者人格沟通的影响。

从这个意义上讲,镜片越干净,我们就可以越清晰地把握患者体验的真实性。除了持有特定的敏感力,科胡特在技术上也持嵌入性的立场,因为他深知有必要不带假定地仔细倾听患者感受到的真实。常见引

第三章 关于个人主观性的两种态度

述如下：

> 作为分析师，我在一生中学到的一课是，患者告诉我的话很可能是对的。很多时候我相信自己是对的，而患者是错的，但在经过长时间探索后，事实证明我所谓的正确是肤浅的，而他们的正确却是深远的。

弗洛伊德（1937）采取的实证性方法是超越性视角两极化的典型版本，在《可终止和不可终止的分析》（*Analysis Terminable and Interminable*）中有充分的说明：

> 分析师必须具有某种优势，以便在某些分析情况下充当患者的榜样，在其他情况下充当患者的老师。最后，我们一定不能忘记分析关系是基于对真理的热爱。*

这里与传统模型一致，即真理不仅是客观且不可发现的，而且一旦被发现就是静态的，需要坚定信念才能将其"推进"患者的心灵中。注意弗洛伊德（1910a）强调"治疗的必要先决条件之一"涉及"告知患者他所不知道的事情"。

这种态度可能会使我们产生某种程度的确定感和信念感，从而

---

* 不幸的是，这常常是分析师的真相，而不是患者所偏爱的真相。

充当威压的角色,对患者进行引导、鼓励或支持其依从性、适应性(Brandchaft 2007)、假性健康和/或传统上被称为**移情性治愈**的其他变体(Freud,1913b;Dysart,1977)。至少,如果分析师就患者的某个方面达成某种确定性或信念,那就尽量选择不去"诱使(患者)回忆他所经历并被压抑的事物"(Freud,1937)。分析师有关患者的有所保留的客观意见,仍然可能通过无意识交流影响到患者。即使分析师直接邀请患者继续探索,这种情况仍然可能发生。超越性态度与精神分析复杂性的敏感力是背道而驰的。

行动态度

以下临床案例主要展示了超越性的视角或态度,在某些方面偶尔也能发现嵌入性的立场。这个特别的临床片段体现了分析师所持的特定态度与促进患者改变的目的背道而驰。

山姆医生对个人主观性的态度是变化的。他承认,尽管他本质上固守于自己的组织原则和观念,但也能对患者的情感和认知状态保持开放。他相信自己具有自由的与患者心理体验直接联结的潜力,并且通过理智、情感共鸣和投射性认同得以实现和保持这种联结。在山姆医生看来,投射性认同是患者否认或隔离其潜在情感体验的过程,涉及的心理机制是将这些情感体验投射到分析师身上或内部,以激发分析师的想法和感受,从而防御这些情感体验。一旦想法和感受被激发,分析师便能识别出这些来自患者的组织材料,并由此体验到患者在心理上否认的部

第三章　关于个人主观性的两种态度

分，这一过程的发生不受山姆医生主观视角的影响。山姆医生所持的这样一种对投射性认同概念的理解，以及看起来完全缺乏带着不确定和信任诠释学（Orange，2011）与患者进行合作的游戏姿态，是超越性视角的一个实例。这就是山姆医生对自己的主观性以及潜在真相持有的客观态度。

相对而言，患者约翰的主观性态度就更具有嵌入性。在许多情况下，他对世界的信念及确信是轻描淡写的，并且常常感到自己很可能永远无法获得对事件的（例如别人如何感受他）清晰客观的看法。他的这一观点似乎与任何一种哲学上根深蒂固的主观视角无关，哲学上的主观视角是通过强烈的自我反省实现的，而他的视角更多源于最初没有体验过的、养育者在情感上明确一致的回应。* 其结果是，约翰没有获得对主观体验和观点（一种真实感）明确和确定的感觉，尤其是有关如何在情感上影响他人。他在人际交往中经常退缩，感到困惑不清和不知所措。他对"他人和整个世界是真实的"的体验如此贫乏脆弱，这主要源于他有一个在身体上无法亲近的父亲和一个情绪失调的母亲。在大多数时候，母亲满脑想着自己在自我调节方面的问题，整个人虚弱无比。对于母亲，约翰的大部分体验是"情感上的阻隔和困倦感"。当母亲喝得酩酊大醉时，这点尤其明显。在约翰看来，这在情感上是充满危险和混乱的。于

---

* 区分不确定性和困惑状态至关重要，这些状态产生是由于真实感能力不足（Coburn，2001a），即没有足够的能力对个人的感知、印象和一般情绪体验具有相对清晰和确定的感受。这源于无价值感的成长环境，而不是有意地悬置假定的认识和信念，以便于进一步的交流和探讨。

是，他常常压抑自己渴望被照顾、关注和重视的需要，最终导致人际关系中的退缩。

在与约翰进行心理治疗的三个月中，山姆医生大部分时间都持续地体验到一种难以否认的强烈感受——昏昏欲睡、困倦疲惫、不知所措。这种体验有时是压倒性的——他之前觉得这是大多数治疗师时不时都会有的感觉。在了解了约翰与酗酒且施虐的母亲的关系，以及约翰对待自身看似枯燥乏味的情感沟通的倾向，山姆医生认为，约翰麻木和人际疏离的自我体验直接来自某种形式的投射性认同，也许还来自其他形式的情绪传染。某天，山姆医生陪同约翰一起进入治疗室，并强打精神，为预料中又一次的困倦麻木做好准备。然而，令山姆医生意外的是，约翰看起来难以置信的清醒和容易亲近。山姆医生暗自思索：

> 他正在努力隐藏着什么。他一定担心，如果继续像目前这样让我感到昏昏欲睡，我就会对他厌烦，那他就会失去我。他在尝试精神起来。

而山姆医生却依然眼皮沉重，艰难地度过了又一次心理治疗。

"你今天感觉如何？"约翰问道。

"不错啊，谢谢，你呢？"山姆医生回答。

"还行吧，我猜，"约翰答道，"就是对上一次治疗中重复提到的内容有点担忧。"

第三章 关于个人主观性的两种态度

"我们上一次治疗中的什么内容?"

"噢,你知道的,关于我怎样让你感到困倦麻木,又如何麻痹自己来回避情绪,我猜。"[约翰提到"我猜",但是没有引起山姆医生的注意。]

"是的,嗯,我想你确实有非常强烈的情绪,而且我们已经知道要真切地体验和谈论这些情绪有多么令人痛苦。"[尽管山姆医生此刻在情绪上已经对患者的麻木产生了约束感,但他依然对患者的情绪体验保持好奇。山姆医生没有询问约翰在上一次治疗中或在当下对他的体验如何。]

约翰开始显得困倦,说道:"是啊,我能感到它又袭来了。"[这对双方而言都不意外。]

"是什么让它在此刻袭来,你有任何想法吗?"

"哦,"约翰说,"这倒没有,我只是在想我母亲大多数时间都非常烦躁。我记得父亲经常不在家,母亲就一直喝酒、抽烟。而我就只是在房间里待着,我猜。"

"是的,我想你持续在给我一种感觉,让我知道你是什么样的体验——带着麻木、困倦、退缩——尝试着处理你母亲的缺席。也许你预期我也会让自己缺席,而不是持续与你保持联结。"[此刻,山姆医生重获了确定感,也没有在心理或话语上注意到约翰的缺乏确定感(句末的"我猜",已经潜在地显示了这点)]。

"很抱歉,它又来了。我真受不了这个困意。此刻,我也许又把你和我一起往下拽了。"〔约翰此刻采取了一种顺从的姿态，抱歉地接受了他就是困倦体验的罪魁祸首。对约翰而言，这再次重复了他的体验。而山姆医生此刻对约翰以及他困倦的心理动力有了一种更强的确信感。〕

这个临床片段反映出了山姆医生的假设，即他的自我体验毫无疑问是约翰心理动力的产物。山姆医生由此得出结论，这与患者及其感受到的害怕有关，与他自己以及他与约翰的关系没有必然关联。他并没有将自己的麻木体验诠释为他个人的独特反应，例如可能是对与约翰的联结模式导致的自恋损伤的回应，或者也可能是对交织的人格特质的混合反应。山姆医生概念化地认为，他被用作约翰否认及隔离的心理机制的接受者和代谢者，这很像一个用来培养细菌的培养皿。这样的理解不同于将体验概念化为两人间双向的关系，例如视为一种情感同调或相互调节的形式。

山姆医生所持的态度（即认为他的主观性是当下的、易变的且可以超越的）帮助他定义约翰的麻木经历，使他倾向于将自己的情感缺失视为患者的特质，并视之为患者遭受虐待、感受麻木和隔离的过往经历带来的合理结果。山姆医生持有的观点使他特别关注患者对其过往经历和焦虑的防御——通常学界认为这是在混乱和隔离的状态下产生的。山姆医生得出结论，双方相似又不同的隔离体验，其作用主要是为了理解约翰的过往历史，了解他如何继续阻止自己把潜在的移情感受投注到更丰富多彩且具有适应性的情感生活中。山姆医生认为，约翰潜意识里有意

第三章　关于个人主观性的两种态度

让山姆医生体验这种麻木的状态,以便让自己更好地被理解。在这样的框架内,山姆医生不认为他体会到的麻木隔离有可能与患者的体验并不完全一致,也不认为患者的状态有可能是对分析师的情绪状态的直接反应(即产生于分析师的部分),觉得自己的主观立场并不妨碍他直接、客观地了解患者的情感状态和防御机制。

在这个临床片段中,山姆医生对应于患者的主观态度不仅透露出他会如何体验自己,而且还决定了对"我对患者的理解是否真实"的信念程度。他的确定感和信念感也许会对患者有积极作用,也许也不会。山姆医生对患者投射材料(如麻木的体验)的来源和所有权的确定感,传达出他对患者心理状态,甚至心理病因的认识是确定的、明确的。这对于患者来说可能是一种有所助益的体验,即患者得到明确的信息,并做出肯定和确信的回应。尽管山姆表现出开放和自由探索的姿态,但他内心对于"自己的感觉是客观的事实"这点深信不疑并不由自主地以无意识的方式将其传达给患者。实际上,山姆医生可能笃定这样做有助于心理发展。然而,实现发展优势的潜力取决于山姆医生这一清晰明确的认识在事实上是否与患者的体验和情感意义相一致。患者的麻木退缩以及对分析师观点的顺从证明了实际情况并不是这样,在这种情况下,分析师的确信感可能会导致患者的顺从,并且可能会提前终止患者对隔离体验意义的深入而真诚的探索。正如过去一样,在扩展和持续的定义自我时,约翰肯定会再次保持孤立隔绝的姿态,而这种扩展和持续定义往往是靠在关系中对自我和他人相互、持续,但模棱两可的探索来实现。

在这次特殊的交流中,约翰将山姆医生的麻木体验为情感上的退缩和隔离，这与约翰尝试获得情感联结并组织内在世界时母亲的回应类似。部分原因可能是对山姆医生潜意识传达的确信的回应，也可能是体验到了山姆医生对他主观世界的描绘。总之，约翰并没有感到被邀请加入合作，以相互、共享、直接地探查他的体验。发展性的需要和渴望被忽略了，而防御性的否认过程则被强化了。

值得特别注意的是，并不是说山姆医生自信满满地认为自己是决定"约翰情况的真理"的裁判。山姆医生在口头上的确邀请约翰共同探讨对这一感受的印象和联想，也确实为约翰提供了一个非常标准的自我发现和共同探索的自由氛围。然而，正是山姆医生对自己核心体验的确定，以及他对患者**认识**的态度，使他以独立而单向的方式"远离"患者。并且，他对超越自己主观性能力的态度，最终促成他以潜意识的方式传达对患者的确定感和信念感。

最后的结局是，通过逐步、透彻地探讨彼此存在差异的主观视角和共有体验，山姆医生和患者之间的主体间裂痕得到了缓和与修复。通过持续的自我反思，山姆医生最终将超越性的态度转变为更具嵌入性的，正是这一点使发展轨迹没有在这个特定的分析二元关系中变成重复的活现。这不是在贬低明确的体验和沟通在情境中的价值，虽然有时候它们可能的确与彼时最有用的情感反应类型存在差异或截然不同。相反，它要求我们以一种超越性的态度，获得对患者个人体验的确定感和信念感。

分析师的主观性在分析情境中占据核心地位和相关性，这迫使我们更加仔细地研究其对患者和我们自己的影响程度。在本章中，我强调了个人态度——尤其是对个人主观性的态度——对于个体自我体验的影响，以及对患者、对我们共享世界的确定感和信念感的影响。这里阐述的两种特定态度是一种思想实验，帮助我们理解态度对临床工作普遍存在的巨大影响。接下来，我们转向复杂性理论的一些基本概念，然后在第五章中更为广泛地探讨产生这种复杂性敏感力的态度及其临床意义。

第四章

复杂性理论与情绪生活

> 万物（包括那些最后极尽宏伟的事物）在开始时是如此渺小且轮廓模糊，以至于我们无法轻易说服自己，从中能成长出重要时刻。
>
> ——马泰奥·里奇（Matteo Ricci）

> 哲学家不断地发现，自己有义务对重新检视和定义最根本的概念，创建新的概念，并用新的言语界定，进行真正的改革……
>
> ——莫里斯·梅洛-庞蒂（Maurice Merleau-Ponty）

> 我们的心灵是嵌入在与其他心灵互动的基质中的开放系统。
>
> ——斯蒂芬·米切尔（Stephen Mitchell）

精神分析复杂性理论

当你第一次用新透镜观察事物时，往往会感到困惑不安。世界要么太模糊，要么太清晰，要么太扭曲或太可怕了。对许多人而言，无论是从临床角度还是从其他角度，使用复杂性理论这一透镜的感觉也不例外。对我来说，它是令人兴奋的，能带来思想改变的。它让人时而困惑，时而不安，甚至时而恐惧。想到永不停息的人类和非人类系统在表面上看起来是可预测、有序和预设好的，但实际上是动态、凌乱和无序的，这确实令人生畏。可以这么说，幕布后面没有人主持。但是，总的来说，我发现尤其在应用于精神分析和心理治疗中时，这一蓬勃发展的全新观点对临床工作非常有用，它深刻挑战了我们对发展、认知、情感、移情、反移情、防御、创伤以及治疗行为等耳熟能详的观念的定义。在本章中，我将分享一种相对较新的、有不同名称的观点，如非线性动态系统理论、突变理论、混沌理论、复杂适应系统理论、自组织系统理论，等等。我更偏向于称之为复杂性理论——应用于精神分析和心理治疗中就是精神分析复杂性理论——不过有时它似乎更像是一种困惑理论。

在越来越多不同的学科中出现了对复杂性理论的应用，例如物理学（Bak, 1996; Prigogine, 1996）、分子生物学（Kauffman, 1995）和信息论（Cover & Thomas, 2006），许多精神分析理论家受到鼓励。科胡特（1977）曾提道：

> 如果精神分析要继续成为人类理解自己的主要力量，并且确实想保持活力，那么当面对新的信息材料带来的新任务时，它必须以新见解来回应。

第四章 复杂性理论与情绪生活

精神分析学家开始更加清楚地认识到,"新的信息材料"以令人惊讶的、有时甚至是不寻常的、创造性的、非线性的方式展现出来,而我们的理论观点也必须随之发展。本章(实际上是整本书)反映了这一发展过程中的一种阶段,讨论了复杂性理论的一些基础知识,及其在精神分析思想中更广泛的应用。本章还介绍了由精神分析复杂性产生的一些关键态度,我们可以通过这些视角来思考临床体验。本章的目的并不是把你推进分子生物学家或天体物理学家所理解的复杂性理论的"汹涌波涛"中,而是邀请你更认真地思考多学科敏感力带来的丰富性和实用性,这改变了我们关于情感生活的出现和转变的假设。

拥有对复杂性的敏感力,使我们无法将世界(包括体验世界)视为不同而无关的部分(从诠释的角度来说)。同时,它强调了这样一种观念,即体验世界通常并不必然以一对一的、感知的对应方式来反映世界原初和当下的来源及我们赋予它们的意义。它提出的世界观与许多假设具有根本的不一致性,这些假设包括:自我和他人的分化、个人的自主性、自由意志、心理的个体性、关于真理的稳固静态本质、作为遗传表现和目的论的情感发展、带有规则和设计的世界本质,等等。但是,对复杂性的敏感力并不排除以多种方式(从现象学的角度来说)体验自我和世界的可能性,包括感觉到完全分离、疏离、疏远,甚至不再存在(Atwood, 2011)。正是我们的态度(态度7)及这两种(现象学的和诠释的)交流维度之间普遍存在的差异所产生的张力,极大地影响了临床工

作，也最终影响了什么对患者而言是突变性的。*

精神分析复杂性避开了后现代主义中更为激进的相对主义和解构主义，而倾向于Cilliers（1998）在对复杂性的描述中写道的更为温和的后结构主义（post-structuralism）。例如，Derrida（1978）和Lyotard（1984）采取的路径"承认对于真正复杂的事物做唯一叙事是不可能的……但是，对复杂性的承认也不必然会得出'怎么都行'的结论"（Cilliers，1998）或把一切都归结于社会建构（Hacking，1999）。尽管对情感体验和意义的描绘，不被认为是规则驱动的、静态的或固定的，但也不能将它们仅仅想象为是诠释的结果，或是分析二元关系当下建构的结果。相反，把它们理解为关系系统各要素在过去、现在和想象的未来中合作形成的涌现和模式（或软性组合），这样的理解更为有益。

精神分析复杂性为我们提供了一个丰富的范式，可以用来理解体验世界，并且表达对人类体验复杂性的更深层次的尊重，这与引言中提到的态度1"持之以恒地尊重人类体验和个体的复杂性"是相关的。它帮助我们更深刻地理解情感体验高度情境化的性质以及我们赋予它的含义，由此得出态度2"我们永远嵌入在情境中，无法脱离"。再者，它对于人类心理发展具有变革性影响，即对所谓心理病理学和改变过程等概念的理解。在许多方面，它是对精神分析范式和概念结构的逻辑扩展。这些精神分析范式包括主体间系统理论（Stolorow，2002）、特异性理论（Bacal，2006）、各种形式的关系理论（Aron，1996），以及其他更为激进的情境主义观点。

---

* 交流的第三个潜在维度（在稍后会讨论）被称为诠释性理解（interpretive understanding），涉及潜意识组织主题。

这些观点都集中关注情境在理解情感体验和意义、关系卷入、情感发展的不可预测性和流动性中的作用。毫无疑问，复杂性理论直接反对许多传统精神分析和心理治疗方法的哲学及实践假设。在后现代的基础上，我们更为习惯的世界观发生了深刻的变化，这一变化持续挑战我们对真理、现实、治疗关系以及广义上情感体验和情感意义源起等方面的基本假设——曾经的假设是更令人舒适的。精神分析复杂性关注情感体验在各部分自组织与合作中产生的模式，关注产生适应性改变的必要条件，还关注从看似随机情况下产生意义的过程。生物物理学家Henri Atlan（1984）评论说："如果可以使其有意义的话，随机性也是一种秩序。自组织的任务就是在随机性中发现意义"。考虑到这种随机性固有的不可预测性，我们被潜在地赋予一种希望——事物的发展可能会有所不同，可能会朝着全新的、难以想象的方向发展——而我们可能还无法接受这些观点。这里涉及的是态度9，即怀抱**最基本的希望**（Lear，2007）。

理论偏好与范式的不可通约性

在详细讨论复杂性理论的几个关键方面（包括其理论和临床价值）之前，我先简单地谈谈理论偏好和范式的不可通约性问题（Kuhn，1962）。当新的想法浮出水面时，它们经常以谦虚的语言表达——尽管并非总是如此。例如，我们能在科胡特形成自体心理学的奥德赛式漫长之旅中目睹这一点。他在1959年发表的开创性论文，不仅反映了有关共情和生动体验的重要性、观察与理论模式之间的关系等方面的革命性思想，还表达了对西格蒙德·弗洛伊德著作的深层敬意，并谦逊地说他及同事们并没有提出什么新鲜的观点。随后，他还评论说自己不过"在旧瓶中倒入新酒"（1984）。他重新定义各种传统概念（例如防御和阻抗）的同时保留了旧有的精神分析术语，通过采取并延展互补原则（及其意义），他保持了自己的观点与不在场的精神导师的观点之间的基本兼容性（Bohr & Mottelson，1957），以此来确保二者具有基础的相容性。对科胡特而言，看起来截然不同的观点必然源自各自迥异的视角，但其意义是可以共存的，也能够以有用的方式相互补充。

直到20世纪70年代后期，科胡特（1977）才与之前的观点分道扬镳，断言自体心理学是更重要、更基础、更纯粹的。自体心理学可以诠释更广的人类体验及其发展变迁范围。慢慢地，弗洛伊德理论变成了涵盖在这一新观点下的一部分，或者在某些情况下完全被反对和拒绝，科胡特对俄狄浦斯体验及其发展的重新概念化就清晰地反映了这一点。这一切都突显出，即使我们真诚地希望把它与更为熟悉的传统观点整合，但结果最终是不可通约的。对于真理和现实（包括心理现实），这些传统观点所坚持的是客观主义和实用主义的假设。

科胡特（1984）声称，"仅在它们导致长期的实质性概念错误时，消除（精神分析）术语才是必要的"。精神分析复杂性并不一定主张消除精神分析术语，更重要的是，首先要坚定地区分两种维度的术语，一种涉及生动的主观性**体验**，另一种涉及理论性**诠释**。这是包含在复杂性敏感力中的一个关键态度，即我们之前提到的态度7，这种区分消除了在合并使用经验语言（现象学）和理论语言（诠释性）时长期出现的困惑。正如引言中所提到的,对"自我"一词的使用就是一个明显的例子:从精神分析复杂性理论的角度来看,它表示的是体验维度,而不是对这种体验的理论诠释。

精神分析复杂性确实带有一系列不寻常且令人印象深刻的术语,这些术语是围绕理论诠释而不是现象学描述的。例如,一个复杂的系统指的并不是一个使人感到复杂或混乱的系统,或将世界体验为是混乱的——尽管实际上我们有时的确会这么做。相反,它指的是一种以自组织、非线性、涌现、不可预测、不平衡和转换为指导原则的系统。精神分析复杂性并不描述或规定我们应该如何感受,而是旨在理解和诠释体验的出现和演变及其赋予的意义。因此,精神分析复杂性的潜在询问是,一个特定的术语(例如,自体客体或客体表征)涉及的是一种体验的维度,还是理论建构。它要求我们更详细地说明选择使用的术语的含义。

我们无法将世界(包括体验世界)认为是不同而无关的。正如系统理论家常说的那样,整体大于各部分之和,而且各个部分(无一例外地)都密不可分地交织在一起,并不断地嵌入在更大的情境中。精神分析复杂性反映了一种世界观,这种世界观与以下方面的假设在根本上是不一致的:自我和他人的分化、个人的自主性、自由意志、心理的个体性、作为遗传表现和目的论的情感发展、带有规则和预设的世界本质,等等。一想到实际上体验和世界与其表面相反,是那么的不稳定、流动和不可预测,这确实令人不安。

精神分析复杂性与个人体验的责任

复杂性理论绝对是多学科和跨学科的,并且不是由某个人发明的。基本宗旨之一是自组织,其本质是自明的。它是由不同学科中有着高度创新性的思想家发展并持续阐明的,仅举几例,如数学家(Thom,1974)、物理学家(Bak,1996)、生物学家(Kauffman,1995;Waddington,1966)和气象学家(Lorenz,1993)。在心理学、心理治疗和精神分析领域,也有越来越多的理论家发现复杂性理论非常令人信服、有用(Bacal & Herzog,2003),并且每个人似乎都有自己的看法。用Kauffman(1995)的话来说,复杂性理论本身就是最简约的描述,不能再将其还原为比现在更简单的东西了。可以肯定的是,它的表面外观并不是那么简单,而且必然是优雅的、具有启发性的。

体验世界就是这种情况,它们本身就是最简约的描述,正如态度1反映的那样,它们无法再被还原为本能生活、原始防御机制、关系结构、自体和客体表征或自体客体体验。实际上,精神分析复杂性避免使用内部心理表征的概念(不要与通过符号进行有意识地表征的行为相混淆),也避免认为情感体验和意义源自内在的心灵空间,该内在心灵关注对外在客观世界表征的管理。从主体间系统的角度出发,Orange(2001)在描述关于情绪体验潜在来源的笛卡尔式假设(最终也是临床的)时,做出了至关重要的区分。笛卡尔式假设认为,情绪体验要么来源于个体的心灵内部,受个体主观性歪曲的影响;要么来源于外在的真实世界,是

真理与现实正确与否的终极仲裁者。她非常正确地陈述道:

> 这种二分法在临床工作中特别危险。患者和分析师可能会无休止地纠结于某个特定的现实到底来自内部还是外部,或者一个行为反应、生活模式或某些人际间创伤的责任方到底在哪里。

相比于把情绪体验的来源描绘成体验**外部**世界,然后**内化**、**表征**并以某种方式协调,以备将来的适应性使用;将其描绘成"分布在多个关系系统中"更为有用。从诠释性的层面,没有人可以说他能创作或拥有情感体验;而从现象学的层面(即实际上如何体验事物),我们可能会感到自己是体验世界的创作者和所有者。借用梅洛·庞蒂(Mercleau-Ponty,1968)的话,我们不再能声称"这是我的,这是你的"。态度8表达了这种敏感力,即"关于个人处境、情绪责任和潜在的(有限)自由的难题",下一章会进行更深入的探讨。

进一步扩展Orange(2001)的观点,精神分析复杂性的优势不仅在于能清除诠释情绪体验来源及其相应意义的内外二分法,还能避免将情绪体验及其意义仅归因于个人历史、当下(内部)心理状态、当前(外部)环境三者中的一方。另一种源于复杂性理论的关键态度是态度3,即"我们的历史、当前的状态以及所处的环境是体验的来源,其相互之间的关联永远含糊不清"。当我们意识到,任何时刻个人体验世界的来源都无法被归因为某一支,而且无法在这三个分支间(如这来自过去,这来自现在,这又来自环境)划出一条清晰的界限(诠释的角度),那么作为

"捕捉个人体验的真实来源"（如，对体验的诠释来自过去还是现在，来自你还是我）的这一临床难题就不攻自破了。从精神分析复杂性角度来看，这类似于用一只鸟来诠释整个鸟群的飞行轨迹（想想飞跃苏格兰的燕子，而不是迁徙的鸭子）。而且，在这三个分支间定位分界线，无异于声称能够在既定的时间点同时知道原子或粒子的位置和动量。带着这种诠释性假设进行临床工作，是态度以强有力的方式影响临床情境的另一个实例。

复杂适应系统

就描述而言，可以从多种角度、用不同方式探讨复杂性理论和复杂性概念。的确，在将其应用于心理治疗和精神分析的过程中，涉及这一主题的作者似乎都在强调该思想中的一个或几个特定方面。有很多不同方面可供选择，有的强调初始条件的重要性；有的强调自组织的属性；有的强调自我批判的概念（或倾向于在临界点徘徊的特定系统）；有的强调系统的动态性、流动性和不可预测性；有的强调扰动在改变系统轨迹中的作用；有的强调涌现的特点，还有的强调非线性系统不是由规则和预设驱动的。除此之外，还有许多其他对复杂性理论的描述，理论家可以从中选取有用的隐喻，来间接地诠释和理解人类的体验和治疗行为。

简而言之，让我们来看一下复杂适应系统的性质以及复杂性本身的概念。复杂系统包含大量元素，这是复杂系统的必要条件，但不是充分条件。各元素必须以动态的方式交互作用——并不一定要是物理上的，通常只涉及信息从一个组件到另一个组件的转移。这种交互作用需要是丰富的，也就是说，系统中的每个组成部分都会影响其他部分，并受其他部分影响。而且，交互作用是非线性的，这意味着看似很小的原因可能会产生很大的结果，而看起来很大的原因或干预可能带来相对较小的结果。通常，非线性的交互作用范围很短。例如，个体只有在物理上很靠近时才会对另一个个体产生即刻影响，就像一个神经元只能直接影响与其相邻的神经元；不过，这种交互作用也会对位于更远端的部分产生广泛的影响。此外，复杂系统中的各元素具有同等的循环发生特质，即任何活动的效果都可以反馈到自身——有时是直接反馈，有时会经过多个干预阶段，这反映了态度4。想一想说话或绘画的过程：我们会部分地根据刚才所说的内容或画布上前一笔的颜色和纹理带来的即刻感觉，调整用词或笔触。

从Thelen和Smith（1994）的描述来看，复杂系统是开放的。这意味着它们能够与环境互动，能够以某种方式吸收能量或信息并加以利用。可以区分两种类型的系统：封闭式系统和开放式系统。封闭式系统指被"降维到熵平衡状态"以达到稳定的结构，开放式系统是"稳定但又远离热力学平衡""仅能通过能量和物质不断地自由流入和流出来维持"。

> 一个开放的系统通过以下方式维持平衡：从高能量的潜力源中提取能量，经过做功，将这些能量中的一部分消散回环境中……当足够多的能量泵入这些系统时，新的有序结构可能会自发出现，这在之前却并不明显。

正是这种能量或信息无休止的摄取和输出，保持了系统相对的不平衡状态，这对系统很有好处。

如果一个开放系统具有一个环境——即某种类型的**外部**环境，该系统嵌入其中并被环境情境化——这必然暗示了有一个观察者在系统和环境之间选择性地"划了一条线"。当完成了这一划线操作（仅出于描述思维实验的目的），就意味着在特定时刻定义了正在研究的系统。重要的是，系统与环境之间没有标准的或统一的分界线，就像在意识和潜意识之间没有清晰而持久的分界线一样（Stolorow & Atwood, 1996）。正如Cilliers（1998）所言，"（复杂）系统本身并没有特征，它的范围界定通常取决于对系统进行描述的目的，因此常常受到观察者立场的影响"。为描述或实验目的而划界的过程被称为框架化（framing），它是一种将特定的潜在系统定义为一个全系统、子系统或超级系统的方法。基于观察者的视角、兴趣和目的，任何潜在元素都可以被视为一个独立的系统，正如任何系统都可以被理解为一个更大系统的元素之一。例如，我们可以说一个人本身就是一个系统，而把其他的一切都有效地定义为**环境**。又或者，我们可以选择性地将紧密相邻的两个人定义为系统，或将整个世界的社会文化环境定义为系统。这完全由你决定！

如前所述，复杂的开放系统在远离平衡的条件下运行。在人类生活的语境中，平衡意味着消亡。另外，复杂系统具有历史性，Cilliers（1998）指出："它们不仅随着时间的流逝而发展，而且它们的过去也共同承担着目前的行为"。这揭示了天真的建构主义或"此时此刻"观点的局限性，这些观点认为产生在两个人之间的心理现象是在当下**被建构的**，在一定程度上与双方各自关系的历史无关。

最后，复杂系统具有以下性质：

> 系统中的各个元素都不了解整个系统的行为，它仅响应可及的信息……如果每个元素"知道"正在发生的事情，那么所有复杂性就必然体现在该元素中。

对Cilliers（1998）而言，每个元素"知道"整个系统状态的这一观点，要么在"物理上是不可能"的，要么构成了形而上学描述的飞跃。

因此，我们可以描述复杂性敏感力所提供的革命性观点，它如何将人类系统及其相应的情感世界重新概念化和情境化为极度开放、流动、动态、相对的不可预测、绝对的交织、相互贯穿，以及不具有清晰预设的发展轨迹——尽管外表看起来是预设、有序和具体的。正如你现在看到的，至少复杂性理论可以激发我们的思想，挑战我们对生活和世界熟悉而舒适的假设。让自己认真思考这种敏感力，必然会改变你及你在咨询室的行为，更不用说平衡你的生活了。借用Harris（2005）的话，如果要尝试一种不寻常的理论视角，并应用到咨询室的互动中，使双方可以成长、扩展情绪，那么分析师就不得不接受一个他无法预料或预测的过程。

精神分析复杂性理论

复杂性本身

鉴于对复杂适应系统的这种看法，让我们再来谈谈复杂性本身。定义复杂性的方式有很多种，对我来说其中两种特别有趣。一般来说，它是指以某种方式聚集（系统）相关的成分（例如生物细胞、人群、政府）所体现的特质或特征。它假定一个开放的系统具有以下能力：(1) 吸收并使用汇集的能量；(2) 自我催化（自我生成和自我转化）；(3) 适应环境以维持系统并提高效率。一个开放的系统还有许多其他特征（如前所述），但鉴于这些要点，复杂性的特征指的是：一个开放的系统或多或少准备就绪，并处于具有更改能力的相对状态。这就是复杂性理论家所谓的"混乱边缘、自我批判、临界点"的意思。因此，复杂性可以理解为一种状态，系统在这种状态下一方面有足够的流动性和随机性（或混乱）来进行创新，出现新奇的改变；另一方面有足够的秩序和外部结构来维持和延续那些确实发生的改变。若以这种方式理解，那么系统越集中在频谱的中间（即有序和混乱之间）就越复杂。一个相对不那么复杂的系统，要么是太过有序以至于转变缓慢可以忽略不计，要么太过随机以至于变化太快、太野蛮且不可持续。以上是谈论复杂性的一种方式。

顺便一说，当在精神分析和心理治疗的背景下谈论人与复杂系统时，很容易陷于将个人视为正在研究并予以改变的复杂系统。的确，单个个体可以被认为是一个复杂系统，但这个复杂系统处于人际关系的动态的、情境主义的世界中，每个人都可以被理解为一个更大的复杂适应系统中相互适应、互动、组织的部分。至少将治疗二元关系作为正在研究的系统，这点至关重要。之前我曾评论道："单独的个人不会发生改变，发生改变的是系统。并且在多个层面上……明显的变化会在所有系统及其各个组成部分中被重复展现，就像这些组成部分在第一时间支持或负责这些变化一样"（Coburn，2002）。这只是一个初步的概览，因为每个人所属的特定二元关系与过去、现在和想象的未来之间有着千丝万缕的联系。这些相互广泛关联的体验世界是如此之多，以至于我们无法了解它们，但它们是个人情感体验产生的最终理由。Martin Buber（1970）说："没有你，就没有我"，我们可以进一步扩展说："没有更大的关系系统，就没有自我"。

第二个复杂性定义是不可还原性，这个术语源自数学和信息论。数学家和信息理论家感兴趣于一系列数字、概念或过程能被压缩和还原的程度，可以通过还原算法（Taylor，2001）以及一系列逻辑语句（例如计算机程序）来实现——目的是占用更少的空间来描述事物（并可能给出指示）。举个具体的例子，将十个数字（例如，数字8）压缩为方便的两个数字组合（即，数字80），这比把数字8写十遍要容易。任何程度的可压缩性都意味着不具备复杂性，反之亦然。但是，由十个随机选择的质数组成的字符串被认为是复杂的或不可压缩的。它不能简化为比其更短的算法语句（例如"8乘以10"）。实际上，如果考虑事物的表征，我们可以说这（由10个随机选择的质数组成的字符串）已是对其最简约的描述——**它只能通过自身表征**——一个一个将它们全部写出来，人类、体验世界及其产生的情感意义就是这种情况。将这种复杂性（即不可还原性）的定义扩展到人类体验和意义的形成过程，对于理解（并对待）他人有巨大影响。鉴于人类构成了复杂系统，我们再也无法以可还原、可表征的方式理解体验世界，例如还原为驱力或驱力的变体、一系列客体关系、神经生物连接的结构、部分缺失的自我结构，或其他对"人类是什么"进行抽象描述的形式，这表达了态度1（精神分析复杂性厌恶以诊断分类的方式对个人评头论足）。弗洛伊德式讽刺的还原性，体现在将个人还原为本能生命的变迁或俄狄浦斯关系的结果中。

传统上，西方医学、精神病学和心理学都基于诊断结论来制定治疗方案。一旦知道患者出了什么问题，治疗方法就清楚了。遗憾的是，患者的主要问题往往是他特有的痛苦情感体验，这导致我们将一个预先设计、事先编码的描述性标签安置在原本无穷复杂、流动、动态的关系性存在上。而事实上，对这样一个关系性存在唯一准确的描述，是将其理解为一个更大的动力系统中涌现的产物——个体是在时间中不断显露的。忍耐未知、保持对情感意义的好奇，这些优势都丧失了。如果你正在寻找一种便利工具，想要把体验和意义的复杂性和情境性还原为对人类的二维描述，那么没有什么比《诊断和统计手册》（*The Diagnostic and Statistical Manual of Mental Disorders*）更合适了。正如亚当·菲利普斯（Adam Phillips, 1999）所说，"通过逃离到理智中，对未知事物的恐惧就被解决了……熟悉且毫不意外的事物能恢复彼此心照不宣的通情达理"。而且，对情绪、情感、行为进行诊断、还原和病态程度判定，通常受政治和主流科学主义主导（Cushman, 2011）。的确，既定的医学和心理权威们决定了设立哪些经费、在实验室研究什么、教授什么、什么是正常的，还特别决定了如何定义"人类是什么或不是什么"。正是这种社会的、科学的时代精神，在一定程度上激发了后现代主义运动，这种运动体现在1984年Lyotard撰写的《后现代状况》（*Post-structuralism*）一书中。不采取情境性的思考，并以此作为保护自己的一种手段，这会使个人的情感自由不断缩小。梅洛-庞蒂（1945/2002）在谈到这一点时说：

> 只有当我试图在第一时间拒绝接受自然和社会情境，并对其视而不见，不以承担责任的方式参与自然和人类世界，我才错过自由。

但这并不是说，作为复杂适应系统的我们（以及身处其中的更大系统）无法识别、压缩和存储有关情感体验的重要信息（这是复杂适应系统区别于海浪或气象系统的一个重要特点）。以隐喻的方式，我们可以将这种对情感知识的压缩看作是 D. N. Stern 等人（1998）提到的内隐关系知晓。但要记住，这种类型的知识当然不源自关系真空，也永远不会出现在关系真空中。内隐关系知晓始终是在过去、现在和想象的未来中与他人关联的产物（Fosshage，2005；Loewald，1972；D.N.Stern，2004），并且可以被理解为是分布在更大且相互贯穿的关系系统中的。从这个意义上说，关系性期望更多被理解为一种由情境产物和属性导致，并带入生活的关系潜力。在这里，关系情境的一个方面（如分析师）不能被简单地理解为另一个人孤立心灵模式的同谋，而是实现潜能的系统组成部分。与传统思想相反，对于偶尔在二元关系系统情境中出现的、关系性期望折磨人的重复,你无法怪罪于某一个人。

尽管体验世界是复杂的或不可还原的,不能被简化为更小、更易理解的部分,但是随着时间的流逝和展开,通过在分析治疗过程中感受到的体验的中介,它们可以被潜在的表征(**见证**是一个更合适的词)(Orange,1995)。而且,只有通过开放的探究精神,才能见证对体验世界的理解——态度10。换言之,随着时间流逝,治疗关系逐渐地展开和推进,体验世界可以从算法上被描述。它们不能被捕捉为一句话或一个图像,而必须被理解为一个持续展开呈现并不断发展的人类图景。这个图景不断地由个人的历史、当前状态和环境所塑造,而且如之前所述,界限永远是不确定的(态度3)。从这个意义上讲,我们在时间中所体验、探究和理解的生活,本身就是对自己最简约的描述。通过态度所传达的治疗行为,部分地产生于对这一假设的明确理解,这与Orange提出的否证论概念(1995)和信任诠释学(2011)的观点相吻合。对我而言,这突显了不仅要淡然地看待理论,还要淡然地看待在分析二元关系中年复一年、日复一日涌现的真相和现实。这就是我所谓的认识论上的笨拙(态度6):当涉及要认识某些事物或对所知怀有热忱偏好时,如果我们对自己是诚实的,就会经常发现自己的评估模式值得怀疑,结论也带有令人不快的局限和错误。体验世界总是在不断发展中变化,同时也在不断变化中发展。正如复杂性理论家常说的,游戏规则会因游戏结果而改变。

第四章 复杂性理论与情绪生活

情境主义范式、复杂性、情绪生活

Atwood和Stolorow在发展主体间系统理论的头十年中，提出了一种引人注目的整合观点来替代传统精神分析理论。他们在一系列主题中强调了"用前反思的方式组织患者主观体验的心理结构的性质、发展起源和功能意义"，同时认为心理现象源自"坚固持久的心理系统，这些系统构成了精神分析探究的经验领域"。从当代视角来看，我们可能想知道被掌握和表达的是患者的经验组织，还是**系统衍生**出的经验结构？在第二个十年中，他们以一种更为激进的情境主义视角，更加有力地概念化了心理现象的精神分析探究，特别体现在序言中提到的Stolorow于1997年发表的关于动力性二元系统一文中，以及《以主体间性的方式工作》（*Working Intersubjectively*，1997）一书中。这种视角认为，精神分析探究的主题是系统衍生出的体验模式，通常似乎在个人局部层面以经验方式表现出来。换言之，Orange等人观察到，"主体间观点并不消除传统精神分析对内在心灵（局部层面）的关注，而是将内在心灵情境化"。

之后，Trop等人（2000）利用Thelen和Smith的著作质疑了主体间系统理论对结构主义的使用，特别批判了嵌入在对不变的结构和原则的假设中的语言。他们建议分别使用**感知的体验模式**（perceived experiential patterns）和**吸引子状态**（attractor states）来代替**主观性结构**和**组织性原则**。这一对语言修改的建议使我们更稳健地迈向非线性开放系统的敏感力，以更接近体验的视角看待心理现象。然而，对我而言，吸引子状态这类词具有远离体验的含义，而感知体验模式这类词则强调了接近体验的氛围——这往往与主体间系统理论是相关的。当然，后一个词引发的问题是：由谁感知？这必然促使我们提出疑问：如何准确地探索体验的轮廓？患者和分析师如何就体验和意义共同达成一致愿景？

其他理论家也将非线性开放系统的观点扩展到精神分析中。正如Arnetoli（1999）所讨论的，联结主义和共情网络，这两个平行的过程性概念代表了精神分析二元关系情境中激动人心的系统思维。Sucharov（1994，2002）的工作，包括共情接触（empathic contact）概念，同样扩展了系统理论中反笛卡尔式、反表征主义的精神。本质上，这些观点认为，任何形式的心理现象（例如，梦、情感体验）都分布在每个人参与的网络中。因此，心理现象被概念化为当下水平上的潜在性涌现（例如，也许并不仅仅出现于个人的体验领域），以及在二元关系或系统中的情绪事件。例如，根据对框架的分辨，心理现象可以被概念化为分布在单个大脑的神经网络中（而不是位于特定一个或一组神经元内），或者分布在神经网络的多个系统间（而不是位于二元系统或主体间领域中）。按照复杂性理论的精神，这些心理现象应被理解为是源自系统的历史、当前状态和环境之间的非线性自组织的相互作用。

Arnetoli（1999）指出，心理现象或"心理实体是局部的、主观的，但它们也是系统的、平行分布的"。同样，Sucharov（2002）提出"发生在分析中的体验相互贯通，将体验从心理内部空间'整洁的隔室'中移出，并扩散至整个关系领域"。因此，心理现象的归属是模棱两可的，并且是不断自发涌现的。从关系的角度，Ringstrom（2001）以即兴关联的形式阐述了自发涌现的体验，他的说法非同寻常，认为治疗师可以自发地自我表达，不受即刻反馈的束缚。Hoffman（1998）也阐述道，潜在的、治愈性的自发关联在治疗行为中必然处于核心位置，它让分析师敞开大门，迈出精神分析实践中形式化的束缚，即"扔掉书本"（1994）。尽管不完全相同，但Knoblauch（2000）提出了相对于倾听时机（listening time）的动作时机（action time）这一概念，并提供了一个优美的实例，体现了人与人之间涌现的情绪生活是模棱两可的：

> 尤其在精神分析中，两个人一起感觉、思考、说话等动作时机的体验与倾听时机是不同的。精神分析是一个富有想象力的创造性空间，一种参与和影响的方式，时间和空间在互相涤荡中彼此吸收、延展和收缩……在动作时机中，情绪不断地在彼此间消逝、凝结或吸收。

我相信这种体验和关联的类型能特别戏剧化地体现情绪生活在系统中的突然涌现，这反映在治疗师和患者当下的真实自我功能中。

Harris（2005）在有关性别软性组合和发展应用非线性动力系统理论的开创性工作中，强调了语言发展和性别意识形成中的高度情境敏感性和情境依赖性。她指出"个性产生于和重要他人及关系体验的基质"，并且始终是更大的社会文化系统的产物。这就好比，个性的发展"不是攀爬梯子而是穿过万花筒，在意义和叙述的网络中不断编织和被编织"。

同样，Piers（2000）运用复杂性观点重新概念化了对**性格**的理解。他指出："从健康方面看，可以将性格想象为一个系统，该系统始终处于混沌领域（具有高度复杂性），能够对内部波动和外部扰动做出响应并保持敏感状态"。从这个角度看，个人的性格（无论看起来如何固执）总是潜在地受到支持它的复杂人类系统的影响，就像这些系统反过来也受到其所产生的性格影响一样（Piers，2005）。Seligman（2005）也从复杂性理论的视角为重新构想个体的概念做出了巨大贡献。因此，精神分析及其治疗过程本身就是一个二元动态的系统，具有高度的互动性和自组织性，而不是某一个人的独角戏。

因此，精神分析探究的主题可以被重新构想，变成不仅包括患者生动的主观体验，还包括系统的相互作用，其中涉及语言的发展和使用以及其他符号化形式（Harris，2005）。这些形式构成了体验，并赋予它一种生机性、自发性、扩张性以及意义（态度5）。这里有一个重要的区别——对体验模式和体验轮廓的思考，不是将其作为一种后台操作，也不认为其能引起体验本身，而是将其作为眼前实际的、独特的体验涌现。换言之，在概念上抵制体验模式（或主题）与体验本身之间的二分是有用的。不要把体验与情境类比为河流与河床，因为河流与塑造河流的轮廓是两个可拆分的实体；事实上情绪体验及其特定的轮廓或性格是不可分割的，是一体两面。借用Orange等人（1997）对中世纪哲学差异的使用，体验轮廓与体验本身的区分可以理解为"对理智与不存在真正多元性的实体的区分"，而河流和河床的类比体现的是"真正的区分……实体被认为实际上是可分割的"。体验轮廓既不存在于患者的潜意识之中，也不存在于分析师的潜意识中,而是存在于患者和分析师各自作为其中一部分的无数自组织部分的相互作用中。

这也适用于自我的概念,即到底视其为单一的还是多重的。Piers (2005) 有效地概念化了自我的复杂性导向:

> 然而,我在阅读自我多重性的文献时发现,当提到自我多重性时,我并不确定是指在被关系情境激活之前自我的多种版本处于休眠状态,还是指直接的关系情境以一种无法预料的方式,把主观体验的不同部分汇聚在一起,以形成一个产生于内部并影响外部的、具有情境独特性的自我。后者更接近复杂性理论的内涵。

为什么这种区别如此重要?它与将情绪生活理解为组织原则的概念密切相关,有助于颠覆自然的人类倾向。这种倾向将情绪世界还原为**内部**的(通常是无意识的)组织原则,也可能是另一种思考孤立心灵的形式,使我们不自觉地认为个人应该为其情绪信念负责。这并不是说,不存在一种以下意识的、内隐的、潜在的方式体验他人、与他人相处的潜在关系性的可能。相反,明确的是当基于这些潜在关系性的体验轮廓确实出现时,它们与源自其中的组织原则和经验不可分割,并且总是由更大的关系情境塑造(例如治疗关系、人际群体或更广泛的社会文化环境)。

那么,另一种理解生动的主观体验及其轮廓的方式是什么呢?一个前景广阔的答案,存在于对复杂的、相互贯通的系统及其各种组成部分的自我组织能力（活动）的理解上。这些组成部分不能被概念化为**包含了**所有体验，就像神经元不再被认为是包含了特定的记忆一样（Edelman，1992）。同样，当我们倾向于认为一个人内在有他的体验（笛卡尔式孤立心灵模型），那体验着的这个人又是谁呢？我们现在也能理解，如果个体没有与他人一起在相互贯通的系统中互动，就没有体验。对这一观点常见的批评如下：该如何理解幻想在个体内心生活中的作用呢？例如，一个人在独自滑雪下山时能有"个体"体验吗？这些问题未能成功地绕过我们的认知。我们认为，个体从受孕之初就在高度情境化、关系化的特定系统中发展，并且某个时刻的形单影只并不否定其具有关系性的系统历史，也不否定其在一个特定世界情境中的持续嵌入性（所有复杂系统的重要属性）。即使体验被剥夺了感觉源，它也是高度情境化的，并不会突然置于笛卡尔式孤立心灵中，即使这很可能是一种孤立和孤独的体验。心理现象起源于生动的主体间系统，并靠主体间系统来维持和修改对其的回应。在任何情况下，个体都会受到贯穿始终的主体间系统的不断影响，也总会受到当前环境的塑造和维持——无论过去和现在，无论人类还是非人类。若不然，我们就把个体去情境化了，成功地把他与所处的系统脱离开来。把作为复杂系统组成部分的人，还原为一个简单的构成要素——把整个系统还原为部分的总和。在复杂系统中，这种观点站不住脚。

相反，出自相互贯通的多系统的体验，总是处在持续剧烈转变中。尽管我们把情绪体验理解为是由系统衍生的，但它并不仅受到单个系统改变的影响，就像大脑中单个神经元不能决定整个神经网络中神经回路的分布和特点（Edelman，1992）。例如，在分析会谈的一个小时中，情绪体验看起来似乎是在精神分析关系情境下产生的，实则在多个情境中任何给定时刻都能同时出现。我们实际上并不像从一个房间走到另一个房间那样，从一个系统转移到另一个系统。具体而言，当患者与治疗师之间的关系性互动，仅仅被理解为对患者旧有关系模式的重复时，就剥夺了患者与治疗师之间独特、动态、非线性、情境相关的特征。虽然系统有时候看上去似乎隐藏到背景中，但它永远不会消失。我们作为生命的组成部分，永远存在于所有这些系统中，这就是所谓的具有相互贯通性的多重复杂系统。此外，系统不仅是相互贯通的，而且也是交互的，一个或多个系统有助于塑造和影响其他系统的动力，反之亦然。若使用框架化过程，我们可能会问：某些特定系统比其他系统在体验上更核心、更显著，也更相关，这样的思考是否有用？这个问题与分析二元关系中对情绪体验和意义的探索密切相关，也与双方如何用不同时刻得出并调整关于患者主观世界的结论密切相关。

来谈谈真正奇怪的事情：玻姆的世界以及体验的融合*

玻姆（Bohm，1980）关于整体性和隐序（implicate order）的概念，为我们理解特定心理现象提供了另一个有用的隐喻，尤其是那些看起来

---

* 戴维·玻姆（David Bohm），物理学家，对量子力学有突出贡献。他发展了一种等离子体理论，发现了被称为玻姆扩散（Bohm diffusion）的电子现象，之后提出"思想是体系"的观点。——译者注

处于隐匿状态，并嵌入未分化的潜能中的、未被明确表达的知觉。玻姆的观点创造性地补充和加强了复杂性理论，特别是涉及人际联结中未被明确表达的（unformulated）体验（D. B. Stern，1997），以及表达不良的（dysformulated）体验（Stolorow, Orange & Atwood，2001b）。分析探索的一个重要方面，不仅在于阐明个人体验的轮廓，还在于不同程度的表述、澄清或意识化这些轮廓。玻姆的工作提供了一个模型，能够有效地涵盖这些不太清晰的体验维度，并有意义地补充复杂性视角。

戈德温（Godwin，1991）描述了玻姆思想的实质，涉及**隐性**（implicate）、**显性**（explicate）和**整体性**（wholeness）的概念。他从系统角度为概念化个人体验的发展提供了新方法。戈德温说：

> 也许，量子物理学最重要的发现在于揭示了在看似孤立、碎片化的感知世界之下，基本领域具有无法打破的完整性。因此，玻姆没有采取先将整个宇宙分解成各个部分，再试图理解各部分如何互动"完整化"。相反，玻姆从一个基本的、不可分割的整体性概念切入，尝试说明整体性之中可能存在着"相对持续的、次于总体的部分"，这可以被感官和科学工具触及。在这一点上，语言成了障碍，因为"主语-谓语-宾语"的结构具有深深的二元主义偏向，预设了一个在彼此外部关系中由各个部分构成的宇宙。常规语言描述的这种外在的秩序，就是玻姆所说的"显序"或"卷序"（如持续不断的体验）。但是，这种显序背后蕴藏着巨大的多维量子潜在源，为外在的宇宙提供了一个恒定展开的共同基础。

第四章 复杂性理论与情绪生活

玻姆把这个先验的、根本的宇宙秩序称为"隐序"（或展序），这种秩序以"无边界的无规律流动"的形式存在（Bohm，1980），**而对于感觉而言保持稳定的仅仅是一系列相似形式的快速迭代。**

请注意，除了这些重要的思想，玻姆的观点与复杂性理论中所暗示的关于流动、动力、缺乏固定结构的观点，具有高度的兼容性。玻姆的模型也能够类比于分别由Arnetoli（1999）和Sucharov（1994，2002）提出的并行分布过程（parallel distributed processing）和共情接触。尽管玻姆的大部分理论旨在阐述一种与众不同的后现代物理学和宇宙运作观，但他本人也认识到他的工作可以应用到对意识的研究中。他指出，"隐序所蕴含的主旨意味着，在我们自己的意识中发生的事情与在自然中发生的事情，两者在形式上没有根本不同。因此，思想和物质在秩序上有很大的相似性"（Bohm，1980）

将玻姆（1980）具有启发性的思想和术语放到精神分析的语境中，显序就包括那些含有意义的情绪体验，分析双方从这一时到下一刻一直保持对这些情感体验的关注，即由系统衍生的真切的情绪体验轮廓。相反，隐序暗示了一种无限的感知序列，这些潜在感知所包含的情绪兴趣和意义目前还未成为焦点。这一观点的有用之处在于，可以将仍然处于隐匿状态或未被明确表达的体验有效地理解为驻留在"巨大多维的（心理）潜在源"中的，而不是完全不存在，或处于弗洛伊德意义上的客观、具体、被压抑的无意识中。玻姆的隐序概念提供了一个有力的隐喻，把所有系统的渗透性认为是一个整体；而他的显序概念帮助我们从这一时到下一刻把握具有高度异质性的个体生活体验。

　　到现在为止，我们可以感觉到，事情可能比之前想象的要复杂得多。而且可能会看到并更深刻地体会到，用敏感力作为诠释框架所具有的强大力量。经常在研究机构和会议大厅中反复出现的一个问题是："但是，在临床上又该怎么做呢？"带着以上对复杂系统、复杂性和对情绪体验起源不同概念化的理解，让我们转向下一章，探讨产生自精神分析复杂性的各种态度，以及它们对临床环境的影响。

第五章

游 戏 态 度

你可能发现自己,身处枪林弹雨中;

你可能发现自己,身处世界另一端;

你可能发现自己,正驾车长途跋涉;

你可能发现自己,坐拥豪宅与良人;

你可能不禁自问,我如何陷入这境地?

——《一生难忘》(*Once in a Lifetime*)

……以至于我成了可能性的工具,而不是我的可能性……
我陷入危险中。

——萨特(Sartre)

任何理论观点都可以在基于某种特定世界观的一系列假设和态度中找到其根源。正如第二章所论证的那样,不带任何前提条件是不可能的,每个人必然有其所处的立场。现在，记住之前对复杂性和复杂系统的概述，让我们转向在丰富多样的敏感力中发现的一些关键态度，并考虑它们对临床环境的潜在影响。当然，不是每种复杂的临床实例或关系都有所有这十种态度——也不应该如此——在某些情况下一些态度可能比其他态度更明显。更为肯定的是，患者不一定会以我们所体验到的方式来体验复杂性态度，主体间的断裂是普遍存在的，在临床工作中必须始终加以考虑和研究。另外，在实际互动中，语言不会（当然也不应该）始终反映明显的复杂性敏感力。通常我们感到自己确实知道某些事情时，就会坚定地表达，我们与患者的交谈常常反映出我们对他们所展现的个性有着具体的了解，就好像他们是与环境无关的独立客体一样。事实上，日常临床语言怎么说都行，每个治疗二元关系都会自然地创建独特的语言游戏（Wittgenstein，1953）。正如常说的那样，人们所说或所做的事情完全取决于语境，不一定总是与个体体验世界所处的情境一样。但是，通过潜在的临床态度，我们希望传递一种对崭新的假设和信念持续保持开放的态度。在接下来的临床示例中，尽管我们会继续寻找，但十种态度可能不会立即显现。在写完这个临床故事之后，我发现这就像一个思想实验——我自己对复杂性的态度可能已经以某种方式塑造了我对故事的讲述。本章是我反思这些态度的结果，我认为这些态度在我与克拉丽丝（Clarice）工作的发展性维度上起到了很大作用。

如引言中所述，我们的十种态度包括（但不限于）对以下假设的确认和评估：

第五章　游戏态度

态度1：持之以恒地尊重人类体验和个体的复杂性

情绪体验及其伴随的意义不再仅仅被理解为包裹在颅骨中的神经信号放射的结果，或者仅仅是事先存在或预先设计的遗传模式。在一个复杂的系统世界中，任何组件都无法为接下来发生的事情负责。作为典型的情境性生物，我们不断塑造着这个高度特定化的动力世界，并被其所塑造。人类在根本上是不可还原的，永远处于从一种状态到另一种状态的过渡中。如果要保持独特性、个性以及对出其不意的事情的热情，就当然不能根据诊断分类来归类个体。这一态度涉及共情每个人情绪世界的独特性和特殊性（Bacal，2011）（Orange，2006），并且欣赏个体在瞬息变化中以独特的方式处世。当倾听个人的叙述时（这是移情还是真实？），对不断努力摆脱垂直扭曲的传统二分法（Brenner，1979；Gill，1984）而言，这一态度是一种宝贵的扩展。同时，这也给出了强调和提醒，当我们自然地偏向评估真相和现实时，不要以不断卷入为代价（会损害情绪意义）——这是分析工作的必要条件。

态度2：我们永远嵌入在情境中，无法脱离

坚持不懈地抱有情境主义的精神，这是具备精神分析复杂性敏感力的基础，在其他范式中也可以找到这种精神，例如主体间系统理论（Stolorow，1997）。这一态度假定存在个人的、不可避免的、嵌入情境的偏见（Gadamer，1991），即使想暂时地去除这种个人处境性都不可能，不存在从必然带有局限性的具身体验视域中抽离出来的时刻，也不可能

形而上学地抽象人类系统（von Foerster，1981）。在谈论关系性和情境性时，经常有人问我，是否可能存在某些例外时刻，让体验世界能以某种方式从主体间领域或复杂系统中独立区分出来。这正如第四章中提出的问题，一个人在独自滑雪下山时能有"个体"体验吗？首先，除了少数例外情况，这本身可能就不是一个好主意，与伙伴一起去滑雪总是更明智的选择。直言不讳地说：无论一个人多么形单影只，如果没有一个绝对的关系、社会文化和自然环境赋予并且维持个体的生命，在第一时间推动生命爬到山顶，也就谈不上一个人去滑雪了，更不用说思考或体验了。我们永远在系统环境中生活和呼吸，没有系统环境就没有我们。也有人问我，什么是情境？简而言之，我们就是情境。

我想起了亨利·詹姆斯（Henry James，1881）的《淑女画像》（*The Portrait of A Lady*），主人公谈到人类是如此强烈地被情境化：

> 当你活到和我一样的岁数，就会看到每个人都自己的壳，你必须了解这个壳。所谓壳，指的是整个境遇。世上没有孤立存在的男人或女人，每个人都由一些附属物的集合构成。

态度3：我们的历史、当前的状态以及所处的环境是体验的来源，其相互之间的关联永远含糊不清

该假定对于理解情绪生活的浮现，以及我们赋予其的意义至关重要。我们作为典型的情境性生物而存在，这意味着我们拥有推动自身前进的历史，拥有让生活得以展开的现在，还拥有起作用并受我们影响的环境，并持续朝向下一个当下。对环境的定义完全取决于你，可以根据任何你喜欢的方式。它可以是你考虑之外的任何事物，唯独不是你在瞬息变换之间对自己的认识。随着时间的流逝，一切都会改动变迁。在临床上，关键在于这种态度预设了我们永远不能把个体体验世界（如一种情绪信念或情感状态）的某一方面单独归入他的历史、当前的心理状态或环境。这三种情绪生活来源之间的界线是动态流动的，体验世界的多重来源以及我们赋予它们的意义总是生动而活跃的。我们的历史、当前心理状态以及想象的未来既持续地影响着我们，也永远地塑造了我们（Loewald，1972；Stern，2004）。并且，在任何时刻都无法划清这些体验世界本源之间的界线。

态度4：自我催化与循环发生

一个系统内的各个组成部分会自发产生变化，并且系统内部的变化又为自己提供反馈，从而改变原有的状态。这一态度在根本上改变了我们概念化治疗行动的传统方式，传统方式认为改变是由一个人对另一个人采取的行动引起的。而更为当代的观点认为，改变是关系系统自身的属性和产物。重视自身催化的概念，意味着接受必然会出现在临床工作中的阻碍和意外所带来的优势。这种态度承认新颖性随时可能出现，而决定其有用性和意义的责任则取决于我们。并且，这种态度还把随时可能出现的新颖性，理解为分析中高度情境化的对话交流的性质和产物。温尼科特（1971）把这一点概念化为人与人之间的游戏，已经出现的事物始终属于我们都参与其中的更大系统的产物。

是什么让一条鱼生出双腿并走上陆地？这当然不是被设定好的。相反，与任何生物一样，在基因结构中有着多种预设好的潜力（具有约束力的潜力），而这些潜力是否可能被释放和实现取决于历史和环境。同样，人类的意识和反思能力是区别我们与地球上其他生命形式的属性，这些属性也是涌现的结果，而不是被事先设计的或**本应如此**。腿和意识的突然出现，是因为情境中发生了一些东西（无数变量和系统部分的相互作用），进而产生了新的事物，这些新的事物反过来作用于这些生物，使它们的表现有所不同。谁能抗拒这样的改变呢？一旦意识或腿开始出现，它们在世界中的行动必然会反馈到自己身上（循环发生），这反过来又带来了更多的变化，实现了更多的潜力。我们知道接下来发生的新事物是，鱼进化成了蜥蜴，人发明了手机。

态度5：非线性以及在现象学层面重视"感觉"的复杂性

涉及的过程包括引入情绪主题，与生活进行关联，遵从并能识别感觉的涌现。正如我们在第四章中提到的，在复杂性理论中，复杂性这个词有着非常特定的、有时甚至颇为矛盾的含义（例如，系统的开放状态及不能被还原或压缩为更小、更简单维度的属性）。通常，复杂性不能被用来描述体验（在现象学上），它描述的是系统中即将发生变化的特定状态（在诠释范畴上）。然而，当这个词被用在与生动的主观体验有关的现象学层面时，它指的是对一个关系系统的**感觉**，个体可以在流动中感到有什么不寻常的事物在发生，并做出相应的改变——以一种新的、令人兴奋的方式进行联结。与之对应的态度,是邀请治疗双方感知系统中即将产生(理想的)积极改变的时刻。通过标记、处理和讨论这些时刻,治疗双方可以学会感知系统何时处于变动状态,并朝着无法预测的方向前进。相较于生活在重复、平常、熟悉和舒适的"泥潭"中,系统的变动是个好事。这一态度也涉及复杂的人类系统中的非线性特点,即看起来微小的事件也可能引起巨大的、富有意义的结果——委婉的说法就是蝴蝶效应(Lorenz, 1963)。在复杂性理论中,这体现为强调初始条件作用,最早可以在 Henri Poincaré 的著作中看到。

为了更清晰地体验复杂性(即感受复杂系统如何作用,并以一种自我批判的姿态随时准备改变),可以设想一下在交通拥堵情况下开车时自己双脚的状态:你的脚永远在油门和离合器之间交替切换,一会儿踩油门,一会儿踩刹车——但你对此几乎没有觉察。车子像往常一样,以难以预测的方式前行——一会儿起步,一会儿停车,一会儿减速,一会儿加速——你和你的脚正在不断地做出瞬间决策去踩哪个踏板。现在想想看,偶尔你会觉察到双脚看似不由自主地在油门和离合器之间来回快速移动。这种快速的摇摆让你感到了一种高度的复杂性,事物在不确定中为下一个方向改变做准备,直到可预测性的增加后做出决定。我们的情绪世界和意义生成过程通常也以类似的方式运作,有时体验世界的特定方面(如,面对陌生的刺激迅速生成意义)会在两种或多种感知方式之间摇摆:我的分析师在关心我、判断我或对我漠不关心。当这种摇摆达到顶峰时,就做好了改变的准备,以清晰、可定义的方向重新定位事物,而自我和世界就在这样的流动之中。这些时刻就是我们努力到达的复杂性（Taylor，2001）。

态度6：拥抱认识论上的笨拙

正如之前提及的，这一态度传递出对认识局限的尊重，并让我们时刻警惕自以为是的平衡自满，避免陷入错误的假象，误以为问题都差不多搞清楚了，没有太多要学习的东西。

对认识论的笨拙态度，类似于Orange（1995）的否证论，让我们在对已知的真相具有情感上的确信时，也能够淡然看待这些真相，为其在下一分钟、下一天、下一年的改变或扩展留出空间。这种态度表达了不可还原性（复杂性的第二种定义）——人类的体验和意义生成是不可还原、不可压缩的，只能作为时间的函数来见证，在时间中随着体验世界展开。分析性探索和意义生成的过程，并不是为了获得确定的真相而拆解个人内在心灵或内部世界，也不是否定个人心灵和人格特质并用分析师的诠释来塑造患者的心理适应性。正在发生的事情是瞬息万变的，而变化又影响下一个涌现的发生。有鉴于此，我们最好尝试淡然地对待凭事实和情感所得出的信念。

得出结论，然后感到舒适自满，并产生一种假象，认为结论已确凿无疑，这对精神分析和心理治疗而言是一剂毒药，但我们常常不由自主地这么做。济慈（Keats，1899）批判了这种无处不在的人类特性，并提出了一个常被引用的概念——"负能力"（negative capability）。1817年，济慈在一封信中提到了这种人类倾向，即"急躁地追寻事实和理性"

(1899)。负能力指的是"能够保持不确定、神秘和怀疑的能力"(1899)。*比昂(Bion,1970)对纠正"焦躁追寻"的建议是,悬置"回忆和欲望",每次进入治疗时都把对面坐着的人当作一个全新的个体。尽管这在操作上可能是不切实际的,也可能不是最好的(如果可以实现的话),但其精神很好地表达了我们的愿望,即始终希望能够对新的信息、新颖的经验保持开放,把假设抛在一边,以便创造性地思考。新颖和惊奇总是具有蓄势待发的潜在力量。

态度7:区分交流的不同维度——现象学层面和诠释性/形而上学层面

这一态度强调不要混淆交流的两个不同水平。一个水平从属于生动的主观体验,另一个水平从属于对体验进行理解和描述的诠释性框架。混淆两个水平的结果之一是把体验维度实体化,尤其是把它们还原到对具体生活的构想上,从而影响到个人的世界观。正如我们在第四章中探讨的那样,复杂系统的一个显著特征是系统运作与感觉之间存在着普遍的差异,尤其是应用于人类体验的领域。也就是说,个人情绪生活被描述为一个更大的、相互贯通的关系系统的属性涌现,我们都是其中的组成部分,而不是某个特定部分或个人的产物。因此,尽管我可能会将情绪世界体验为自己的,但在诠释层面它却被理解为派生于一个更大的关系网络。这种形而上学假设的戏剧性含义是,不论对情绪生活多么有归属感和拥有感,产生和定义了这种生活的还是系统性情境。因此,一方

---

* 我想起了Proust(2003)的观察:"也许周围事物的固定性是由我们对事物本身的确定产生的,而不来自其他任何事物——因为是我们在用固有的思维面对它们。"

面，我们不能最终主张对情绪生活拥有完全的所有权或著作权，但又常常被带入某种特定情感状态和生活情境中。这说明现象学层面的交流维度直接反映了诠释性层面的交流维度，Heidegger（1927）将其称为"Befindlichkeit"或"个人如何发现其个体性"。然而，另一方面，尽管个人的情境性始终保持不变，但从现象学的角度来说，一个人必须接受被给予的东西并宣传它是属于自己的，否则最有可能的后果是生存衰落或被彻底否定。这一论点将被下一个要点（态度8）充实。

仔细研究各个交流维度的区别，可以发现修正是有用的，应该增加之前未提到的第三个维度——诠释性理解（interpretive understanding）。让我们依次重新审视这些交流维度，包括新增加的第三个层面。* 第一个维度是现象学描述，指一种基于感觉经验进行交流的层面，可以广泛地在各种相对表达状态之间变化。尽管这种表达状态的范围可以扩展到相对模糊、未明确表达却又有潜在可及性的精神和情绪状态（D. B. Stern, 1997），但它主要包括的是那些有意识、可表达、可加以反思的情绪体验。在这个交谈维度中谈及**自我**，指的是一个人对自己的体验——焦虑、悲伤、镇定、困惑、迷失方向、有核心感，等等。它也可以指从一个时刻或物理环境到下一个时刻或物理环境间体验到的部分自我或面向，这是个人冲突体验的先决条件。当我们说到"**我的这个部分或那个部分**"，即承认感觉到的体验世界各部分能够在不同程度上被触及或被

---

* 这些特殊的名称是在与Stolorow的对话中得出的，我们讨论了现象学维度和诠释性维度的区别。很明显有必要对这些区别进行修正和阐述，这三个术语是在主体间情境下得出的，并保持了模棱两可的特点。

否定,而不去假定存在客观的心理部分。这些部分时而被认为是隐匿的,时而不是(即类似于弗洛伊德提出的动力性潜意识)。

交流的第二个维度是诠释性理解,适用于基于情境以不同方式塑造个人体验世界的各种组织原则,包括与体验世界各方面相关的情绪意义。就像现象学描述一样,这个维度既是过程性也是内容性的,因为情绪主题是高度特定的,且随着时间的推移是可识别的——正如它们也是动力性的且受情境驱动。这些情绪主题将那些未被明确表达的、微不足道的、不可理喻的情绪印象组织起来并赋予情绪意义。与现象学描述不同,在掌握和反思以探寻和诠释为核心精神的共同对话(Orange,1995)前,诠释性理解通常不被认为是个人体验世界的一方面。因此,当我们谈论个人的情绪主题、历史和当前关系中的模式或者情感调节的动态内隐过程时,所论及的就是诠释性理解的领域。

交流的第三个维度,即诠释性/形而上的假设,是较少内容性更多概念导向和过程导向的。它指的是人们对事物如何运作的基本假设(有时是无意识的),也指对情绪体验和意义起源所持有的信念。例如,所有人类体验和意义生成都难以避免地嵌入于一个更大的世界或复杂系统中,而我们只是其中的一部分。另一个我们已经熟知的相关假设的示例是,这种体验和意义生成绝不能仅仅归因于个人的过去、现在或想象的未来,并且永远不确定这三者的影响比例。在形而上学假设的层面谈论时,并不提及个人体验的性质或组织体验的主题,而是提及了广泛的普遍前提——对事物运作方式的信念——是组织前两个交流领域的内容和过程。"哲学上的无意识"(Stolorow & Orange,2003)是用来描述交流的第三个维度的另一个恰当术语。区分交流的这三个维度，不仅对破除精神分析理论讨论的冲突和混乱至关重要，而且还是精神分析和心理治疗中产生治愈作用的必要态度之一。人类大部分的情绪痛苦和冲突，或者导致个人情感视野窄化的情绪和麻木自满的关系，都归因于这三种交流维度间普遍存在的差异。

态度8：关于个人处境、情绪责任、潜在的（有限）自由的难题

这一态度鼓励我们认识到人类是被抛入生活境遇中的，而生活境遇很大程度上不由自己决定，我们往往只是在情绪和关系境遇中发现自己。这有时候带给我们一种困苦的感觉：我是如何落入此境地的？用传声头像乐队（Talking Heads，一支美国的新浪潮乐队）的话说：这不是我的美好生活，我为自己设计和规划的生活不是这样的！我怎么走到这里的？这一态度也鼓励我们担负责任，接受当下的处境，不带有"命运不公"的挫败感（Strenger，1998），而是真的承认它。最后，这一态度还邀请我们去考虑，在当下生活境地中可以获得什么样潜在的自由，即使是有限的自由。随着时间的发展，我们能成为怎样的自己？作为典型的具有反思、想象力和创造性的生物，基于已拥有的，我们又能成为怎样的自己？这是一种欣赏约束感的态度，而这种约束感与未来的自我创造和潜力相呼应。这与Butler（2004）在谈论性别时提到的"在限制条件下的即兴创作"类似。透过社会文化的视角，Bulter写道：

> 自主性并不是由我（作为情境决定的存在）否定这种状况而

构成。如果我具有任何自主性，那么反映的一个事实是"我是由我从未选择过的社会世界构成"。我的自主性充满悖论，这并不意味着它是不可能，仅意味着悖论是其可能性的条件之一。

确实，许多患者进入治疗室的原因，是他们痛苦地发现自己的情绪状态要么痛苦到无法忍受（如创伤状态），要么被认为不是自己所有且不受掌控（如关系性的顺从和适应）。这反映了人类情绪生活一个更具讽刺意味的难题，即从现象学和诠释学层面，我们必须抓住责任感（即这是我的情感生活，这就是我寻找自己的方式）；而从诠释性层面，这种责任感又不是我们自己形成的。

正如海德格尔（Heidegger, 1927）的深入探索，我们被抛入生活处境中，毫无掌控感，但又在其中发现生活的可能性——情绪处境提供了一种潜在的自由，海德格尔将其称为"有限自由"。从现象学层面来说，一个人对于自己生活最终可能性的掌握能力（Sartre, 1948），部分源自一种对系统情境的认识，即系统情境决定了所处的位置。这种态度表明，如果没有情境意识，包括深入理解构成情感影响的情境力量（过去、现在和想象的未来），我们就无法领会到自己在多大程度上可以行使（自认为拥有的）自由意志、自治、自主和个性。从体验上讲，自治或自主的真实性毫无疑问，这些状态的构成是系统和情境产生的！假设完全不了解命运和情境性，那么这些体验会遮蔽我们的双目，让我们看不到那些对体验世界中不想要的方面产生潜在影响的力量（如对自身缺陷的情感信念，或者创伤性生活情境在个人心理或心灵中痛苦地重复）。从治疗上讲，人们能广泛意识到所处的情境——历史、当前心理状态和环境——潜在地决定了会在哪里以何种方式发现自己，这为我们提供了选择的可能性。在此，存在着一种潜在的解决方案，消除关于决定论与自由意志/自治或自我与失去自我之间的二分法。态度7和态度8以必不可少的方式相互阐明——态度7为态度8奠定了基础。

态度9：怀抱最基本的希望

这体现了Jonathan Lear（2007）著作的核心精神。这一态度根本上指，尽管我们可能无法设想未来具体会以何种形式呈现，但对想象中更好的未来依然充满希望，是对付出行动以渴望有待发现和理解的事物的赞赏。Lear谈到"最基本希望的一种古老原型是：在婴儿期，我们带着善意寻求食物，即使那时还没形成概念理解自己渴望的事物"。这一态度也让我们思考，自己需要什么样的勇气来进行与众不同的、积极的畅想——尽管目前无法清晰描绘它，尽管旧有的规则、情绪文化已不再适用。Lear问道"一个人如何以一种知其不可而为之的方式来面对现实？"随着时间的流逝，答案可能会出现，只要我们理解复杂系统不是由规律驱动的或预先确定的，而是（就其字面意思）以我们尚无法想象的方式变化的。从这个意义上讲，复杂性敏感力能带来持久的基本希望，甚至能预期人们当前的状态和生活处境不会永久存在，变化随时可能发生。即使现在还不知道我的感觉会如何不同，或者还不知道我会如何重塑自己，但这并不阻碍我去这样做。

第五章　游戏态度

态度10：坚持探求的精神/基于信任的诠释学

这一态度不源自复杂性理论，但却代表了典型的复杂性，因而值得重视。复杂性敏感力认为，我们并不真的能知道改变将如何发生，或者改变是否有用。好奇和探求的开放态度（但不是一个劲儿地盘问病人），会带来期望外的惊喜和对新奇的赞赏。这一态度传递出"我们永远无法知道接下来会发生什么，也无法事先知道有怎样的情绪体验及其相应意义"。Orange（2011）提出的信任诠释学很好地体现了探求的真正精神，它向病人传递：我们一起发现独特的情绪生活的涌现，并向惊喜敞开大门；不会假定对病人的体验世界已经有所了解，并认为病人总是有所隐瞒。这一态度也向患者传达出，作为分析师和治疗师，相比实现特定的情绪行为改变或达到特定的发展轨迹，我们更感兴趣于理解这些情绪行为和发展轨迹。Lichtenberg等人（2002）详细阐述了探求精神的核心：

> 与直接质问和探查不同，探求精神是一种指导性的态度，一种将各个理论流派的分析师团结在一起的世界观。探寻的精神创建了一种氛围，当活现和淹没性的情感状态阻止了直接探索时，这种氛围使得治疗工作持续存在。探求精神为精神分析的主观性和主体间意识提供了活力。

确实，探求精神对于临床工作至关重要。

克拉丽丝与我：概述

克拉丽丝在一月某个狂风大作的寒冷天气来到我的办公室。她缓缓地解开羊毛外套的纽扣，就好像在拆一个装有令人不愉快的或有毒物品的包裹。她是一位很有魅力的女性，36岁。分析一开始，她就谈到了长达5年且还在继续的恋爱关系。她认为自己苦恼的根本问题，是无法确定在靠近伴侣时，自己那强烈的矛盾的、模棱两可的感觉源自何处。具体而言，她没有办法评估恋爱关系中的问题到底本质上是由于人格缺陷造成的，还是由于她选择的这个伴侣造成的。而无论是哪个，她都难逃其责。我脑海中突然冒出一个画面——她被装在一个铁盒里，盒子的顶部只开了一个勉强可以呼吸的小孔。我想和她一起待在盒子里，但又觉得不能这么做，不然自己很容易得幽闭恐惧症。我说了我脑中的画面，她对此表示赞同，觉得自己对关系的困境负完全责任——即使错误在伴侣一方。她觉得是自己选择了这个男人并纵容他，这也再次证明了她自己的不足和遇人不淑。她满脑子想着一生中持续存在的各种障碍（如焦虑、抑郁、药物滥用等）以及现在的感情问题和不确定性的根源在何处，也的确感到自己是罪魁祸首。她的成长经历对于理解这个境地也无济于事。克拉丽丝6岁时就出现了类似联觉的状况，父母的呼吸声或嚼口香糖（正好这两样我都喜欢做）声会使她的皮肤产生痛苦的感受，并伴随着强烈的躁动和焦虑。令人悲哀的是，她抱怨有这些感觉后，得到的是父母慌张、愤怒的回应，并要求她自己忍受这些感觉——这些问题是**她的**，她得独自承担。随着青春期的到来，她发现自己通过吸毒和性，能获得暂时的安慰，缓解一些痛苦。她不停地更换男友，偶尔还通过割伤自己来获得解脱感。我问自己，我能解决或治愈她吗？当我建议说："也许在你的历史、环境以及整个生活中可能还有其他因素造成这一痛苦"，我立即感到我们之间即将"脱节"。在那一刻，我感到在把自己的态度或情感信念——认为所有情感体验、意义和相应的组织原则都具有情境性——劈头盖脸地向她砸去。听完我的建议，她怀疑地注视着我，并迅速就她痛苦的根源做出纠正。在她看来，痛苦的根源一定是她身上的缺陷，是她做了错误的选择，所有的苦难以及在关系中的割裂感都是自作自受，她也理所应当为自己的联觉负责。这是一个根本的议题（我们在过去几年中明确提出并表达了这个议题），为个人体验世界的相关问题提供了哲学基础，诸如源起、持续的所有感、预设的自主感。

成年后，克拉丽丝会有短暂而突然的解离体验发作。在发作时，她会半夜醒来，找一把剃须刀，然后开始割自己手臂。我们从两个方面来理解这一令人恐惧和不安的情况：一方面，她有意识地做出这些行为，目的是适应他人让她否认或切断情绪体验的要求——对他人的反应、身体及情感上的痛苦都被认为是她自发的；矛盾的是，另一方面，实际上她试图从这些要求她自我毁灭的权威声音中解脱出来（Brandchaft, 2007）。一方面，自伤行为旨在消除不想要的情绪；另一方面，它提供了一种潜在的途径，将生动的体验灌输到一如既往麻木且解离的灵魂中。一段时间以来，识别并理解这一困境的两个面向——既对自己的情绪生活负全责并试图消除它，又有逐渐萌芽并茁壮成长（尽管也是令人恐惧的!)的想要"松绑"的努力——对我们双方来说都充满了挑战。我显然不希望她割伤自己,那要如何劝阻这一自我毁灭的行为,同时又支持这一行为背后的核心精神(努力掌控自己的生活)呢?在很早期时,克拉丽丝就问过我:"医生,你对自杀的立场是什么?"我感到自己陷入两难境地:一方面,我知道自杀终归是属于她个人的选择,由她独自承担,而且我也不敢试图从她身上夺走这一点权利;另一方面,我也知道在保护和存续生命方面自己有多么顽固和坚决——这体现在我们之间持续不断的"联结又脱节"的复杂互动中。在回应她的那一刻,我立即与她分享了这一两难境地,觉得这可能也是她的两难境地。

尽管我对复杂性敏感力以及情境主义态度有个人临床倾向,但与克拉丽丝一起工作的首要目标,是尽我所能细致入微地和她一起探索她体验到的缺陷感、看似自我毁灭的行为、持续令她失望的个人世界、或多或少觉得问题都是自己造成的等等体验。尽管我相信,我们俩都把探寻精神放上了台面,共同为工作提供信息,但是我所持有的更内隐的态度毫无疑问地渗入我们的探索性交流中,当然她的内隐态度也同样如此。她感到并也知道,我对她的个人经历、信仰和情感信念的所有感和自主感持不同看法;她也知道我对她的自我毁灭行为感到不安,同时也坚定地认可她为实现真正的自治和情感自由所做的努力。随着工作进展,适应和顺从的主题(Brandchaft, 2007)变得越来越明显,她不仅对自己的痛苦感受负责,而且也要对他人的痛苦负责。随着时间的流逝,克拉丽丝开始发觉,也许她对自己的感受以及与他人互动的方式,并没有像她所认为的那样需要负完全责任;发觉在过去和现在的生活中,确实存在某种力量共同塑造了她的情绪生活（现象学层面）和构成这些情感的组织主题（诠释性层面）。通过探索这些驱动力量，并持有真诚的态度，这种认识才得以涌现。换言之，现象学维度的交流开始扩展，把情绪体验的情境性涵盖进来。考虑到我对个人情绪生活根源及其责任感的态度，不能排除这样的可能——这种在我看来更加情境化的视角转变可能是又一次的适应，不过是对我的适应，这种适应与她过去对他人的创伤性适应是不同的，我们仍然需要加以考虑和澄清。实际上，可以这样做的自由本身可能是区分病理性适应（Brandchaft, 2007）和有意识、有用的适应间的一个明显特征。话虽如此，我们对情绪体验的源起以及对情绪体验的负责程度的态度是冲突的，不过我们达成了反思性的自觉意识，而这是通过态度7和态度8完成的。让我们仔细讨论一下克拉丽丝最初的态度与从精神分析复杂性角度得出的态度之间的联系。

最初，克拉丽丝将对自己及对关系世界的体验理解为是由自己导致的，尤其是由她的缺点和缺陷造成的（对此感到羞耻）。可以理解的是，她对自己的体验（现象学描述）做了价值判断，将其降为形而上学/诠释性假设的维度："我**感到要**对自己的状态负责，因此我**就得**为此负责。"以前，她没有考虑过影响体验的组织主题（诠释性理解），也没有考虑到情感体验是诠释活动的结果（Gentile, 2010），而不是对客观真相和事实的观察和记录。她也没有考虑过复杂性视角的形而上学假设，即所有情感体验——包括潜在的组织主题——都深深地嵌入在一个更大的背景中，我们只是其中的一部分。这种体验总是基于个人的历史、当前的心态和环境，并且三者间的分界线是动态的，永远无法清晰地划界。我相信，领会到这三种交流维度（现象学描述，诠释性理解和形而上学/诠释性假设）的区别以及它们之间的关系，对于克拉丽丝来说是变革性的。我还相信，随着时间推移，她之所以产生对这一视角的认识，并不是通过我的教育或说服。是她在我坚定地尝试共同探索她的情绪世界和情绪信念的情境中，感知到我对这些观点持有的内隐态度的结果。

我认为，她发现相比让她采取基于复杂性的态度，我对探索并和她建立情感联结更加感兴趣，我是真的关心她。当然，我也无法确定她是否真的如此感觉。

在态度7的支持下，态度8对克拉丽丝也起了至关重要的作用。最初，克拉丽丝感到自己是其情绪体验和整个生活情境的罪魁祸首。一旦事情出了差错，就是她的问题。她不会采取常见的视角问自己"我做了什么，要承受这些？"或"为什么坏事总是发生在我身上？"——这反映的是海德格尔（1927年）被抛性（thrownness）中的一种。克拉丽丝对自己和生活的感受是，她一直在把自己抛入一种情绪处境，尽管觉得这完全是自己造成的，仍绝望无力地陷入其中。矛盾在于，她感觉这是自己一手造成的处境，但几乎又没有控制感或自主感。一方面，克拉丽丝过早且适应性地发展出"要为自己的情绪生活和行为负责"的假设；另一方面，这种坚定不移的确信使她永远处于无能为力的责任感中。这一两难境地成为痛苦和困惑的主要来源。只有当她开始认识到，除了自己以外，还有其他各种来源（态度3和态度8）共同影响着目前的情绪状况，才能够考虑从被赋予的可能性（态度8）中获得什么自由（如果有的话）（Heidegger，1927；Sartre，1948）。在这种情况下，克拉丽丝对情境嵌入的意识增强了，开始认识到她只是更大的关系系统中的一员，这有助于促使她思考到底有多少东西应该由她来背负。对于克拉丽丝来说，这意味着她可以开始理解自己的生活（和关系）状况并不完全由自己造成，也重新思考之前感受到的咎由自取带来的内疚和羞愧感。随着时间的流逝，我们发现她的内疚和羞耻感降低了，她能更加主动地扭转许多关于人际关系的决定，并解放自己（例如，她不再那么认同"自己种的苦果必须自己承受"）。对于克拉丽丝来说，把握自己生命的可能性，实际上意味着放弃一种全然的、过度的、不合时宜的情绪责任感，摒弃来自父母的影响——觉得自己应为所有痛苦和情绪异常负责。从现象学层面而言，情绪体验和生活环境的责任被分摊到多层面的个人和环境中——从诠释性层面而言本应如此。

在这个临床实例中，就像许多临床工作者经历的那样，对克拉丽丝的情绪生活及其意义的探寻，加深了我们对生活情境（过去、现在和想象的未来）的理解。通常，这使我们得以认识，所感受的体验与产生这种体验的更大的渗透性关系系统之间的联系；并且相应地在某种意义上认为，我们在很大程度上并不是个人情绪世界及其处境的创造者和所有者。从形而上学/诠释的意义上讲，不存在自由意志、个性或个人自治，我们体验到自由意志和个人自治的程度始终取决于情境。此外，我们不是个人情感性和处境性的创造者和所有者，这一观点也不必陷入建构主义的假设——认为不存在真实的实体，不存在被发现的个体，不存在可以创造和拥有的生活方向（Frie & Coburn, 2011）。举个例子，精神分析复杂性观点并没有消除精神分析武器库中关于个人心灵的概念，而是帮助我们情境化这些心灵，以扩大对情绪体验起源的理解。事实证明，这有效修正了在现代主义/后现代主义两端左右摇摆的解构主义。认可和识别交流的三个不同维度之间的关系，有助于消除用现代主义和后现代主义二元观点来分类自我和自我叙事的痴迷。此外，认识到我们具有身处更大世界环境的嵌入性，且对此不负责任（但最终又必须承担责任），是获得潜在的个人自由感、自主感以及所感受到的真实感的重要组成部分之一。

克拉丽丝与我：态度和卷入

除了好奇和探寻精神外，在临床操作上还有多种多样的复杂性态度（此前已证明其中的几种态度）有所助益。一方面，这些态度扩展了她自发的个人处境感；另一方面，她发展了替代性的组织原则，并更有勇气享受有限的自由感。有时，我们可能会觉得自己真的被抛入生活的旋涡中身不由己；但同时，我们也可能参与其中，至少可以思考做出何种选择，朝向不同的、有创造性的，甚至是迄今为止未曾预料到的生活轨迹，克拉丽丝就是这种情况。正如第一章中我和杰克的体验和关系中所见证的，重要的是识别系统何时处于一种充满生机、朝气蓬勃、蓄势待发的改变状态；在无助的情境中依然抱有希望也同样重要（Winnicott, 1986）。在下一个临床片段中有两种特定的态度在起作用，并且最终带来了改变。第一种态度是试图感受存在一个有活力的动态系统，这很重要；第二个态度是将涌现的情感变化视作积极成长的希望来源，以面对重复和黑暗。这两个态度分别对应态度5和态度9，并且部分基于复杂性的命题，即不平衡、动态和不确定性是生命的脉搏，而平衡、决心和自满则等同于死亡。

在对上一节的概述中，我们探讨了态度的作用，即情绪生活和发展是更大的复杂关系系统属性的涌现。因此，我们**发现自己**难以自拔地嵌入在更大的关系生活情境中。"具有（being）"与"承担（assuming）"之间的区别，意味着尽管我们对当前的生活处境——即海德格尔（1927）的"个体如何发现其个体性（how-one-finds-oneself-ness）"——不负全责，但如果要前行并实现其他生活可能性或掌握自由和创造力的方法，就必须承担起自己在哪以及如何发现的责任。另一种同样重要的态度是，事情并非总是以想当然的方式运作：我可能觉得对自己的体验世界负有全责，因为大脑决定着我的情绪体验及我赋予其的意义。但是事实并非如此，没有文化和情境就没有大脑（Shane & Carlton, 2009）。又或者，我可能觉得自己免责，没有发言权，因为只是所处社会历史文化情境的产物。当然，事实也并非如此。我是一个带有个性和方向感的反身性存在（在状态不错时），没有大脑就没有文化或情境。正如所看到的那样，这些主题对克拉丽丝的发展至关重要，最重要的一点就是动摇了她深信不疑的假设，即所有问题都是她的错。这个根本的错误深深根植于孤立心灵中，让她感到极大的羞耻和内疚。

当克拉丽丝第一次来到我的治疗室时，她预期自己会"释放"出一种我们都难以忍受的毒性。事实证明，这些内容没有她或我所预期的那么有毒。不过，有那么一段时期，她的许多情感信念经常与我的相冲突，正如我的情感信念与她的相冲突一样。最终，就情绪体验的起源以及自身负责程度的态度不同这点，克拉丽丝与我达成了一种反思性的自觉意识。她知道我在这些问题上的立场，而且她也知道我知道**她**的立场。随着时间流逝，对于她的生活以及我们的关系的态度也变得十分清晰，成为我们之间冲突、分歧、卷入和游戏的来源。不过，也许更重要的，是克拉丽丝正在形成一种自我评估的声音，反映出不愿对所有事情负责，并开始对自己的生活处境**负责**，对生活有更多的自主感。

经过数年治疗，我的脑海中明显看到了我们关系中的几个方面。我开始意识到，她越来越有勇气去拥有和表达自己的声音，成功地将对生活处境的责任感分配到更大的关系基质中，包括更多的分配到我身上。有时，我体验到自己是割裂的，对这些变化感到矛盾冲突——我为她，也为我们感到非常高兴，但有时又有些奇怪，恐惧于她新发现的自主感和情感表达将给关系带来什么冲击。在体验的边缘，我隐约意识到一种被攻击的可能性（不确定是什么），但不想为此承担责任——这极具讽刺意味。我们之间存在很多分歧，其中一些集中在情绪信念的分歧，以及围绕这些分歧讨论结果的差异。我已经习惯了她生我的气，而且我们的关系也在加深，但是我感到在当下视域之外有些地方不对劲，这让我焦虑，导致我的情绪可及性和情绪诚实度（对自己及对她的诚实）隐约开始减少。随着羞耻和自责感的减轻，她越来越多地以令人不舒服的方式挑战我，我则只能自我保护。随着越来越能意识到对我的依赖，她也对我们关系的不对称感到愤怒。她需要我，而我不需要她；她爱我，而我不爱她；她依恋我，而我虽然也关心她的来去，但并不为此困扰。还

第五章 游戏态度

有一个细节是我要向她收取费用，而为了获得我的关注，她不得不付钱——我则可以没有她的关注。这些明显的不对等，唤起了我个人早年的一些经历：在童年早期，来自家庭的要求有时是创伤性的。我体验到他人要求我必须以**他们**的感受方式去感受，并且以一种消除亲子关系中固有而核心的不对称性的方式来掌控情绪生活。在我看来，拒绝父母的这些要求所招致的惩罚，就好像与所依赖的那些人之间的联结出现了灾难性的断裂。

为了不争辩对真相和现实的假设，我倾听并探索着她觉得是什么影响了她对我们关系的印象，以及她是如何做到敢于向我表达这些印象。她觉得，我对维持关系毫无贡献，所有的努力都是她做的，是她在忍受治疗间隔的难耐，而我在这段时间里可能都没有想到过她。总之，她没有感觉到一丝相互的、亲密的联结和卷入，而这些是她现在想要并应得的，她也不想被人怜悯。当她越要求我给出真正关心她的迹象——常常是以一种愤慨的方式表达——我就越加沉默，甚至还有些退缩，像惊弓之鸟。我同时也目睹了自己对迅速发展的僵局的"贡献"，她对联结的绝望挫败与我觉得不足为怪的情感退缩交织在一起。当然，我自己的历史、目前的心境和环境正促使我改变对她的反应。我以一种带有创伤和隔离的方式回应自己无法提供（或希望不提供）的要求，这唤起了她更早期的、羞耻的心理状态——这些状态正是先前工作大大减弱了的部分。随着强度增加，这种模式在数周内以更加隐匿和不清晰的方式存在，最终在一次关键治疗中达到顶点。在这次治疗中，就在我说"现在我们得停在这里"作为治疗的结束语时，她迈着重重的脚步离开治疗室。在此之前，我不知道原来一个人在地毯上的脚步声都能传递出如此明显的愤怒——她感到羞耻和气愤。她让我颇为震惊，并有些失望，尤其是我知道目前的环境（我也部分包括在内）正在增加她的绝望和羞耻感。这与我自己情绪世界的某些方面产生了共鸣，在过往的经历中，我把来自家庭环境中汹涌的愤怒和沉默的撤退看作是创伤和灾难的预兆。

我也感到了羞耻和焦虑。我想象自己在这种情况下可能会对受督导者说："当她下次再回到治疗室时，询问她关于上次治疗的体验，尤其是治疗结束时的体验，然后追随她的感受，看看在你们之间到底发生了什么。做出回应！不要只是坐在那里，像一只眼看着要被卡车撞上的鹿，僵着一动不动。不要做理智化的诠释。"实际上，你可能想天真地跳过"告诉我那是什么样的体验，让你如此迅速地生起气来"，直截了当地切入主题。你也许可以这样回应："最近我和平常有所不同（无论是什么），我认为你感受到了，并对此做出了反应。最近我没有以我曾要**你**与**我**相遇的方式和你相遇。我发现自己在退缩。"也许她的羞耻感（以及我的羞耻感）和拒绝感可能会有所松动，也许她可能体验到我开始与她重新建立联系，也许这对我们俩来说可能是一个充满高度复杂性的时刻。

但事实不是如此！相反，在下一次治疗开始时，我已警觉的"竖起鹿角"。而令我意外的是，她为自己在上一次治疗结束时的气愤反应道歉。我内心一惊，心想我们正在失去将创伤适应性的、重复性的系统转变为变革性系统的机会（Lachmann, 2008）。自我批判的视角（或临界点）又退回一个过于有序而缺少反思的系统。D. N. Stern（2004）曾说过"当下时刻（now moments）"，对我来说，这感觉更像是"当下错失时刻（now or never moment）"。我回答说想拒绝她的道歉——尽管没有用言语表达，但她已大声而清晰地表达了自己的愤怒——而且我不想错过她表达立场和发声的机会。我对于即将完全错失机会的悲伤（这也是她在童年不得不适应周围人而不幸错失的部分）帮助我摆脱了"警觉的鹿角"，并鼓励她坚持保持联结和卷入的勇气。她变得活跃起来，说："好吧，我的确很不爽。我不想再陷入这样的关系——总是我在四处寻找、渴求联结。之前就是如此，已经够了。"确实，她之前就是那样，也这么做了。在接下来的几周内，我们保持着高度的卷入，且不带丝毫的焦虑。"如果你感到正在退缩，"她说，"我的老天爷，你为什么不直接说出来！"我回应道："确实如此，为什么不呢？"我们能够至少在一段时间内维持这种交流中的活力和生命力，重要的是，这种交流使她感到自己是重要的。系统的氛围再次变得更加动态、混乱、嘈杂和生动，反映出正在运行中的复杂系统，我们也在学习识别二元系统（尤其是我们的二元系统）在流动时是怎样的。

几周后，交流主题又像往常一样再次回到我们的关系上。在来回交流中，她的一个问题使我心中一震："你在乎我吗？"我感到意外，回应说我觉得这是一个不同寻常的问题，而我想她可能已经知道答案了，这个问题可能更多反映出她想使自己变得重要，想确定自己是值得的。她微笑着答应说："是的，我知道你在乎我。我认为你很在乎我，尽管我才是那个一直想着你的人，而你不一定有那么想我。"我回答："是的，我们之间存在很多不对等。"她点点头，然后话题停一下。接着，我厚着脸皮问道："好吧，我很好奇，到底是什么让你觉得我这么在乎你呢？"她眼神犀利地看着我，一个气氛沉重的停顿后，我们俩咯咯地笑起来，然后再次陷入沉默。然后，她以一种更为严肃的语气说："嗯，如果是因为性呢？"我做出深思状——试图赢得时间——然后回应说："嗯……性的什么呢？"又是一阵沉默后，我说："好吧，某种情况下，我很赞同你的观点。""哈！"她说："……不用担心，我只是想和你做爱。"我回答说："那么，我想有各种各样亲密和卷入的方式，不是吗？而且我猜想，我们可以用一些方式彼此了解，而另一些方式却不能。""是的，当然，我知道那是不可能的，如果我们做爱了，那对我有什么好处呢？"我被她的这个回应触动了，回答说："的确，那有什么好处呢？"然后我默默地对自己诠释，这又是克拉丽斯自我评估的声音——我欣赏这个声音！这次特殊的交流让我非常触动，克拉丽丝似乎能比我预期更舒服地进行谈论。我为她高兴！那我到底又有什么好不舒服的呢？关于这种关系的不对等，我是更多感到来自自己的内疚和羞耻，还是创伤的回响？有些主题仍然存在。这次交流作为另一个实例，反映出我们双方的新颖性、涌现性和游戏性，也反映出运行中的自我催化。是谁推动了改变？又在何时何地开始？正如前文所述，我们都从体验中学习区分重复性系统与变革性系统（Lachmann, 2000），并且在未来继续寻找那个已经能识别的动态的、处于混乱边缘的卷入类型。从这个意义上说，我们俩在同一频道上。我在想，接下来会发生什么？也许是这样的问题："那么，你觉得我有吸引力吗？"但之后会怎么样还有待观察，我们永远无法预测。不过，如果不带着动力性和焦虑，那么没有什么好的改变会发生。而且，我们的关系也正是在游戏性到分歧、亲密、失望、失去、情绪化、距离感，然后再回到游戏性的过程中推进和摇摆的,月复一月,年复一年。现在,我们的关系中经常出现可识别的吸引子状态。

如何看待这个临床片段中特别的构成性和改变性的态度?其中一个对临床实践而言至关重要的明显态度是,重视那些出现在患者和治疗师各自体验世界中的、新鲜而有用的感受。这种态度与假设有关,即只要给予足具响应性的关系情境,人类就会倾向于以有用的、适应性的方式发展和成长(Kohut, 1977; Lichtenberg, 1996; Shane, 2006; Tolpin, 2002)。从临床上讲,这种适应性成长会在识别和澄清那些微小的发展性的时刻受到鼓励(Tolpin, 2007),否则可能会重新化为朦胧模糊的感受,淹没在未分化的情绪中。确定这些涌现出的发展变化的性质,包括将其与可能是适应不良和/或重复的现象区分开来,会非常不容易。它要求保持对不断变化的情境中的细微差别的敏感力,也保持对这些新颖的情绪体验和行为所具有的意义的敏感力。换言之,对于某人来说是新颖和发展性的涌现,对另一个人来说很可能就是退行性和破坏性的(有些人可能会把克拉丽丝的道歉误认为是发展和成熟的表现,但在我看来这肯定不是事实。)*

然而,具有同等治疗效果的是,承认和表达内隐态度在个人化的二元关系发展过程中所传达给患者的影响。这种承认和表达不仅引起了人们对系统发展的关注(对于患者认识、学习并最终识别系统的发展而言至关重要),而且还传达了如下思想:是的,生活是可以朝着积极的方向

---

* 发育性或最近发展区不必只归为个体所有。复杂系统也具有最近发展区,我们需要保持留意,正如我和克拉丽丝的案例一样。

前进的；是的，并非所有的经历都是创伤性的缺失；是的，并不是所有的关系互动都需要围绕着适应性（Brandchaft，2007）、自我压抑或自我毁灭来组织。Lear（2007）把这种重要的不同态度所传达出的希望定义为一种真正的勇气，即在不知道改变和发展会以什么形式出现时，对适应性变化和自由的发展保持**最基本的希望**。个体关注自己新颖的、涌现的情感体验，就是去倾听对话者对于发展**能够**发生的感受。这是有价值的，也值得探索。坚持不懈地对游戏和善意的玩笑保持开放也必不可少，除此之外也许还有更多有待发现的部分。

第六章

总　　结

> 我们该如何命名"自我"？它来自何处？又去向何方？它在属于我们的每一个事物中溢出，之后又流淌回来。
>
> ——亨利·詹姆斯（Henry James）

一旦研究了复杂性敏感力，沉迷其中越学越深，然后**觉得**它成为自我感的一部分，你就再也回不去了——至少我的体验是这样。我永远不会再以过去的方式思考生物进化、人类交流、苏格兰鸟群迁徙或者宇宙运作；也永远不会基于最初专业受训时被灌输的传统而科学的视角理解情绪生活和意义生成中的跌宕起伏。从体验层面看，自我和世界似乎很零散、分割、特殊、脱节，并总被还原为部分事物。但是，从诠释层面看，所有事物和人都被一种我们永远无法完全了解的方式，持续且不可撤销地联系和交织在一起。在地球上生活具有的独特构造，把所有人从历史、社会、文化和仪式上联结在一起。当我5岁时，我的祖母曾强迫我喝梅子汁，她当时恐吓我的可怕言辞，会在下一周对我的患者5岁的孙子产生影响。而患者的孙子在上一周对他说的话，也会影响我在下一个治疗时间对下一个患者说的话。当我们能够将自我和世界理解为具有典型的动态性、流动性、不可预测性、强大的关系分布性；理解为既不是规则驱动的，也不是预先设计的，那么事情就会改变——而且我认为会变得更好。这本书是有关复杂性及其态度的思想实验，反映出我们对创建游戏空间的初步尝试，我希望它将继续朝着有意义的方向发展。

最终，从技术层面上看，精神分析复杂性并不是**被应用的**。例如，在倾听患者的梦时留意并重视出现的个人隐喻，然后针对这些隐喻给出诠释或其他干预措施，这可能是应用特定技术的一个例子。这一技术使隐喻的使用成为可能，并且还可能与患者共享隐喻及其含义。如果临床工作者偏重理解患者的焦虑状态，而不是寻求改善，则可能会带来某种形式的询问及危险的分析。在这些例子中，临床工作者的基本假设或态度，会影响下一步要说要做的事。在许多情况下，明确的理论可以有意识地指导技术的使用。相反，到目前为止，精神分析复杂性强调了这样一个事实，即它的敏感力带来多种态度，而这些态度本身会对整个临床关系及其他方面产生巨大影响。这些影响可能以特定的临床技术形式出现，需要回顾检查。在临床上合并使用这些技术时，并不要出于某个理论观点而采取先行预设、计划和准备的干预措施。相反，临床工作者需要实时做出决定。理想情况下，这些决定源于临床工作者的自我感，即其临床自我（clinical-self）。因此，如果说能以任何明显的方式应用复杂性理

第六章 总结

论的话,那就是先仔细研究,思考宗旨,然后搁置一旁,让其处于内隐状态。如果充分研究了某个特定的理论,并且认为该理论是值得应用的,那么我们就能在不假思索的理智化操作下激活和应用该理论。沿着这个脉络,我再次想到 Ghent(1990)对"顺其自然(surrender)"*言辞优雅的定义,他说:

> (顺其自然)传达了自我解放和发展的特质,这是消除防御壁垒的必然结果……"顺其自然"不是一种自愿的活动,而是一种"当下"的体验。当完全处于此时此刻,那么过去和未来这两个在某种意义上需要"头脑"进行次级加工的时态就已经从意识中退却了。

追随 Ghent(1990)的定义,我认为"顺其自然"是一种**追寻自己和成为自己的**方式,也就是临床工作者希望以此对自己和患者进行精神分析的方式。

这一工作的基本目的之一,是对复杂性的"盲人摸象",并试着更稳固地把握潜在态度的影响力。这些态度必定会渗透到临床关系或其他关系中,无论具体情况是什么。这突出强调了患者对分析师的态度——比如分析师对情绪体验性质的不同态度——以及对这些态度在更大关系基质中产生的原初的、潜在的影响的体验,这些体验并不必然与分析师的

---

* Surrender 在英文中有屈服、屈从、投降、交出、听任等含义,此处结合上下文语境意译为"顺其自然"。——译者注

体验相同。无论分析师的态度多么具有复杂性、充满意义或富有同情心，患者体验到的内容往往可能不太相同——主体间的破裂比比皆是。我建议克拉丽丝不把自己当作情绪和外在生活处境的唯一责任人——在她看来，这是在证实她的情绪信念和对世界的感知方式是错误的，也就证实了她的确是有缺陷和不足的。这使我想起了 Mitchell（1997）对引导问题的诠释，即试图诠释影响患者体验世界的组织主题，但这一举动本身往往就会即刻同化这些主题。在这些情况下，我们必须与难题共存并清晰表达（尽管不容易）它们。这也呼应了阿伦（2006）提出的自我状态两极分化的问题，以及由此产生的潜在僵局。最终，有能力包容高度差异化、二分化的观点，就会产生有用的替代方式，以进行互动并体验自我和世界。这样的情况经常发生在我和克拉丽丝之间。我们经常在表达各自观点和不同态度时既有挣扎又有热情，我认为，这一过程本身对我们俩都具有变革性。在临床上，分歧和冲突通常会导致不平衡，这对于复杂人类系统的产生、维持和流动都至关重要。

确实，许多临床交流都涉及分析师和患者各自持有的态度。本书强调了分析师态度的潜在作用，但并不就此暗示那即是治疗效果。改变的推动者始终是系统事件。不同于精神分析和心理治疗中的传统思想，创造了改变的是参与双方（而不是单独一个人）。因此，治疗效果应理解为临床关系性质涌现的产物，通过这一中介，参与者—探索者能够共同找到独特的通道，朝向与重复、普遍和永久创伤不同的方向。如第一章所述，带着希望和焦虑，自我催化过程使新颖性和有用的改变得以发生。而且，这种新颖性和改变回荡在更大的个人生活关系系统中。正是情境而不是大脑，产生了情绪体验和意义，而新颖性和改变也同样分布在个人生活的各种情境中。从这个意义上说，治疗行动和变革与过去、现在和未来的情感生活一样，都是模棱两可的。

参考文献

Abend, S. M. (1989) 'Countertransference and psychoanalytic technique,' *Psychoanalytic Quarterly* 58: 374–395.

Adler, G. (1980) 'Transference, real relationship and alliance,' *International Journal of Psycho-analysis* 61: 547–558.

Ainsworth, M. and Bell, S. (1974) 'Mother-infant interaction and the development of competence.' In J. Connolly and J. Bruner (Eds.), *The Growth of Competence*, New York: Academic Press.

Arnetoli, C. (1999) 'Parallel and sequential working in the intersubjective field.' Paper presented at Multiple Perspectives on Subjectivity Conference, Rome, Italy.

Aron, L. (1996) *A Meeting of Minds: Mutuality in Psychoanalysis*, Hillsdale, NJ: The Analytic Press.

Aron, L. (2000) 'Self-reflexivity and the therapeutic action of psychoanalysis,' *Psychoanalytic Psychology* 17: 667–689.

Aron, L. (2004) 'On: Hans Loewald: A radical conservative,' *International Journal of Psycho-analysis* 85: 530–532.

Aron, L. (2006) 'Analytic impasse and the third: Clinical implications of intersubjectivity,' *International Journal of Psycho-Analysis* 87: 349–368.

Atlan, H. (1984) 'Disorder, complexity, and meaning.' In P. Livingston (Ed.), *Disorder and Order*, Saratoga, CA: Anima Libri.

Atwood, G. E. (2011) *The Abyss of Madness*, New York: Routledge.

Atwood, G. E. and Stolorow, R. D. (1984) *Structures of Subjectivity*, Hillsdale, NJ: The Analytic Press.

Atwood, G. E. and Stolorow, R. D. (2012) 'The demons of phenomenological contextualism: A conversation,' *Psychoanalytic Review* 99: 267–286.

Atwood, G., Orange, D., and Stolorow, R. (2002) 'Shattered worlds/psychotic states: A post-Cartesian view of the experience of personal annihilation,' *Psychoanalytic Psychology* 19: 281–306.

Audi, R. (Ed) (1995) *Cambridge Dictionary of Philosophy*, Cambridge, UK: Cambridge University Press.

Bacal H. A. (1994) 'The analyst's reaction to the analysand's unresponsiveness: A self-psychological view of countertransference.' Paper presented at the University of

California, Los Angeles.
Bacal H. A. (2006) 'Specificity theory: Conceptualizing a personal and professional quest for therapeutic possibility,' *International Journal of Psychoanalytic Self Psychology* 1, 2: 133–155.
Bacal H. A. (2011) *The Power of Specificity in Psychotherapy*. New York: Jason Aronson.
Bacal, H. A. and Carlton, L. (2010) 'Kohut's last words on analytic cure and how we hear them now—a view from specificity theory,' *International Journal of Psychoanalytic Self Psychology* 5: 132–143.
Bacal, H. A. and Herzog, B. (2003) 'Specificity theory and optimal responsiveness: An outline,' *Psychoanalytic Psychology* 20: 635–648.
Bacal, H. A. and Thomson, P. G., (1996) 'The psychoanalyst's selfobject needs and the effect of their frustration on the treatment: A new view of countertransference,' *Progress in Self Psychology* 12: 17–35.
Bak, P. (1996) *How Nature Works: The Science of Self-Organized Criticality*, New York: Copernicus.
Balint, A. and Balint, M. (1939) 'On transference and counter-transference,' *International Journal of Psycho-Analysis* 20: 223–230.
Balint, M. (1968) *The Basic Fault*, Evanston, Ill.: Northwestern University Press.
Bateson, G. (1942) 'Some systematic approaches to the study of culture and personality,' *Character and Personality* 11: 76–82.
Baudrillard, J. (1994) *The Illusion of the End*, trans. C. Turner, Stanford, CA: Stanford University Press.
Beebe, B. (2004) 'Faces in relation: A case study,' *Psychoanalytic Dialogues* 14: 1–51.
Beebe, B. (2005) 'Mother-infant research informs mother-infant treatment,' *Psychoanalytic Studies of the Child* 60: 7–46.
Beebe, B., Knoblauch, S., Rustin, J., and Sorter, D. (2003) 'Introduction: A systems view,' *Psychoanalytic Dialogues* 13: 743–775.
Beebe, B. and Lachmann, F. M. (1994) 'Representation and internalization in infancy,' *Psychoanalytic Psychology* 11: 127–165.
Beebe, B. and Lachmann, F. M. (1998) 'Co-constructing inner and relational processes: Self and mutual regulation in infant research and adult treatment,' *Psychoanalytic Psychology* 15: 480–516.
Beebe, B. and Lachmann, F. M. (2001) *Infant Research and Adult Treatment: A Dyadic Systems Approach*, Hillsdale, NJ: Analytic Press.
Beebe, B., Lachmann, F. M., and Jaffe, J. (1997) 'Mother-infant interaction structures and presymbolic self and object representations,' *Psychoanalytic Dialogues* 7: 133–182.
Beebe, J. (2001) 'A comment on "What is our age suffering from?" The Schweizer Illustrierte's 1942 interview with C. G. Jung,' *Journal of Analytic Psychology* 46: 365–370.
Benjamin, J. (1998) *Shadow of the Other*, New York: Routledge.
Benjamin, J. (2004) 'Beyond doer and done to: an intersubjective view of thirdness,' *Psychoanalytic Quarterly* 73: 5–46.
Bernstein, R. (1983) *Beyond Objectivism and Relativism: Science, Hermeneutics, and Praxis*. Philadelphia, PA: University of Pennsylvania Press.

Bernstein, J. W. (1999) 'Countertransference: our new royal road to the unconscious?,' *Psychoanalytic Dialogues* 9, 3: 275–299.
Bertalanffy, L. von (1968) *General Systems Theory*, New York: Braziller.
Bion, W. R. (1952) 'Group dynamics: a re-view,' *International Journal of Psycho-Analysis* 33: 235–247.
Bion, W. R. (1959) 'Attacks on linking,' *International Journal of Psycho-Analysis* 40: 308–315.
Bion, W. R. (1967) *Second Thoughts*, New York: Jason Aronson.
Bion, W. R. (1970) *Attention and Interpretation: A Scientific Approach to Insight in Psycho-Analysis and Groups*, London, UK: Tavistock.
Bion, W. R. (1973) *Bion's Brazilian lectures: No. 1*, Sao Paulo, Brazil: Imago Editora.
Bohm, D. (1980) *Wholeness and the Implicate Order*, London: Routledge and Kegan Paul.
Bohr, A. and B. R. Mottelson (1957) *Collective and Individual-Particle Aspects Of Nuclear Structure*, Copenhagen: I kommission hos Munksgaard.
Bohr, N. (1963) *Essays 1958–1962 on Atomic Physics and Human Knowledge*, New York: Interscience Publishers.
Bollas, C. (1987) *The Shadow of The Object*, New York: Columbia University Press.
Bonn, E. (2010) 'Turbulent contextualism: bearing complexity toward change,' *International Journal of Psychoanalytic Self Psychology* 5: 1–18.
Boston Change Process Study Group (2007) 'The foundational level of psychodynamic meaning: implicit process in relation to conflict, defense and the dynamic unconscious,' *International Journal of Psycho-analysis* 88: 843–860.
Bowlby, J. (1969) *Attachment and Loss*, vol. 1, New York: Basic Books.
Bowlby, J. (1973) *Attachment and Loss*, vol. 2, New York: Basic Books.
Bowlby, J. (1980) *Attachment and Loss*, vol. 3, New York: Basic Books.
Brandchaft, B. (1993) 'To free the spirit from its cell.' In A. Goldberg (ed.), *The Widening Scope of Self Psychology,* Northvale, NJ: The Analytic Press.
Brandchaft, B. (2007) 'Systems of pathological accommodation and change in analysis,' *Psychoanalytic Psychology,* 24, 4: 667–687.
Brandchaft, B., Doctors, S., and Sorter, D. (2010) *Toward An Emancipatory Psychoanalysis*, New York: Routledge.
Brenner, C. (1979) 'Working alliance, therapeutic alliance, and transference,' *Journal of the American Psychoanalytic Association* 27S: 137–157.
Breuer, J. and Freud, S. (1893) 'On The psychical mechanism of hysterical phenomena: preliminary communication from studies on hysteria.' In J. Strachey (ed. and trans.) *The Standard Edition of the Complete Psychological Works of Sigmund Freud* (vol. 2), New York: W.W. Norton.
Bromberg, P. M. (1993) 'Shadow and substance: A relational perspective on clinical process,' *Psychoanalytic Psychology* 10: 147–168.
Bromberg, P. M. (1996) 'Standing in the spaces: the multiplicity of self and the psychoanalytic relationship,' *Contemporary Psychoanalysis* 32: 509–535.
Bromberg, P. M. (2001) *Standing in the Spaces: Essays on Clinical Process Trauma and Dissociation*, New York: Routledge.
Bromberg, P. M. (2006) *Awakening The Dreamer: Clinical Journeys*, Mahwah, NJ: The

Analytic Press.
Brooks, P. (1994) *Psychoanalysis and Storytelling (Number 10 in the Bucknell Lectures in Literary Theory)*, Cambridge, Mass.: Blackwell.
Brothers, L. (2002) *Mistaken Identity: The Mind-Brain Problem Reconsidered*, New York: SUNY Press.
Buber, M. (1970) *On Intersubjectivity and Cultural Creativity*, Chicago, Ill.: University of Chicago Press.
Buechler, S. (2002) 'Fromm's spirited values and analytic neutrality,' *International Forum of Psychoanalysis* 11: 275–278.
Butler, J. (2004) *Undoing Gender*, New York: Routledge.
Casement, P. (1992) *Learning From the Patient*, New York: Guilford.
Chaitin, G. (1990) *Information, Randomness, and Incompleteness*, Singapore: World Scientific.
Charles, M. (2002) *Patterns: Building Blocks of Experience*, Hillsdale, NJ:Analytic Press.
Cilliers, P. (1998) *Complexity and Postmodernism: Understanding Complex Systems*, New York: Routledge.
Clayton, K. (1998) *Nonlinear Dynamics and Chaos Theory: Application to Psychology.* Unpublished manuscript.
Coburn, W. J. (1997) 'The vision is supervision: Transference-countertransference dynamics and disclosure in the supervision relationship,' *Bulletins of the Menninger Clinic*, 61: 481–494.
Coburn, W. J. (1998) 'Patient unconscious communication and analyst narcissistic vulnerability in the countertransference experience,' *Progress In Self Psychology* 14: 17–31.
Coburn, W. J. (1999) 'Attitudes of embeddedness and transcendence in psychoanalysis: Subjectivity, self-experience and countertransference,' *Journal of The American Academy of Psychoanalysis* 26, 2: 101–119.
Coburn, W. J. (2000) 'The organizing forces of contemporary psychoanalysis: Reflections on nonlinear dynamic systems theory,' *Psychoanalytic Psychology* 17: 750–770.
Coburn, W. J. (2001a) 'Subjectivity, emotional resonance, and the sense of the real,' *Psychoanalytic Psychology* 18: 303–319.
Coburn, W. J. (2001b) 'Transference-countertransference dynamics and disclosure,' In S. Gill (ed.) *The Supervisory Alliance: Facilitating the Psychotherapist's Learning Experience*, Northvale, NJ: Jason Aronson.
Coburn, W. J. (2002) 'A world of systems: the role of systemic patterns of experience in the therapeutic process,' *Psychoanalytic Inquiry* 22, 5: 655–677.
Coburn, W. J. (2006) 'Terminations, self-states and complexity in psychoanalysis: Commentary on paper by Jody Messler Davies,' *Psychoanalytic Dialogues* 16: 603–610.
Coburn, W. J. (2007a) 'Don't drag me around: The phenomenology of complexity in group psychotherapy: Commentary on paper by Robert Grossmark,' *Psychoanalytic Dialogues* 17, 4: 501–512.
Coburn, W. J. (2007b) 'Psychoanalytic complexity: Pouring new wine directly into one's mouth.' In P. Buirski and A. Kottler (Eds.), *New Developments in Self Psychology*

Practice, Northvale, NJ: Jason Aronson.

Coburn, W. J. (2007c) 'What is a weeble anyway, and what is a wobble too? A discussion of Phyllis DiAmbrosio's paper, "Weeble Wobbles: Resilience within the Psychoanalytic Situation,"' *International Journal of Psychoanalytic Self Psychology* 2, 4: 463–473.

Coburn, W. J. (2009) 'Attitudes in psychoanalytic complexity: An alternative to postmodernism in psychoanalysis.' In R. Frie and D. Orange (Eds.), *Beyond Postmodernism: New Dimensions in Clinical Theory and Practice*, New York: Routledge.

Coburn, W. J. (2010) Contextualizing individuality and therapeutic action in psychoanalysis and psychotherapy. In R. Frie and W. Coburn (Eds.), *Persons In Context: The Challenge of Individuality in Theory and Practice*, New York: Routledge.

Coburn, W. J. (2011a) 'Psychoanalytic complexity: Context, attitudes and epistemological ineptitude.' Paper presented at the AAPCSW Conference in Marina del Rey, California, March, 2011 and at the International Conference on the Psychology of the Self in Los Angeles, California, October, 2011.

Coburn, W. J. (2011b) 'A warrior's stance: Commentary on paper by Terry Marks-Tarlow,' *Psychoanalytic Dialogues* 21: 128–139.

Coburn, W. J. (2012) 'Search yourself: Commentary on paper by Kenneth Frank,' *Psychoanalytic Dialogues* 22, 3: 328–340.

Coburn, W. J. and Frie, R. (Eds) (2010) *Persons in Context: The Challenge of Individuality in Theory and Practice,* New York: Routledge.

Coburn, W. J. and Shane, E. (2002a) 'Epilogue,' *Psychoanalytic Inquiry* 22, 5: 871–872.

Coburn, W. J. and Shane, E. (2002b) 'Prologue,' *Psychoanalytic Inquiry* 22, 5: 653–654.

Coburn, W. J. and Shane, E. (2008) 'Recognizing recognition in self psychology,' *International Journal of Psychoanalytic Self Psychology* 3, 2: 153–157.

Coburn, W. J. and VanDerHeide, N. (2009a) 'Introduction.' In W. J. Coburn and N. VanDerHeide (Eds.), *Self and Systems: Explorations in Contemporary Self Psychology,* Boston, MA: Blackwell Publishing on behalf of the Annals of the New York Academy of Sciences.

Coburn, W. J. and Shane, E. (Eds) (2009b) *Self and Systems: Explorations In Contemporary Self Psychology*. Boston, MA: Blackwell Publishing on behalf of the Annals of the New York Academy of Sciences.

Cooper, S. H. (1996) 'Facts all come with a point of view,' *International Journal of Psychoanalysis* 77, 2: 255–273.

Cooper, S. H. (2004) 'State of the hope: The new bad object in the therapeutic action of psychoanalysis,' *Psychoanalytic Dialogues* 14: 527–551.

Cover, T. M. and Thomas, J. A. (2006) *Elements of Information Theory* (2nd ed.), Hoboken, NJ: Wiley-Interscience.

Cushman, P. (1994) 'Confronting Sullivan's spider: Hermeneutics and the politics of therapy,' *Contemporary Psychoanalysis* 30: 800–844.

Cushman, P. (2011). 'So who's asking: Politics, hermeneutics, and individuality.' In R. Frie & W. J. Coburn (Eds.), *Persons in Context: The Challenge of Individuality in Theory and Practice,* New York: Routledge.

Davies, J. M. (2003) 'Falling in love with love: Oedipal and postoedipal manifestations of idealization, mourning, and erotic masochism,' *Psychoanalytic Dialogues* 13: 1–27.

Davies, J. M. (2004) 'Whose bad objects are we anyway? Repetition and our elusive love affair with evil,' *Psychoanalytic Dialogues* 14, 6: 711–732.

Davies, J. M. (2005) 'Transformations of desire and despair: Reflections on the termination process from a relational perspective,' *Psychoanalytic Dialogues* 15: 779–805.

Derrida, J. (1978) *Writing and Difference*, Chicago, IL: University of Chicago Press.

Dubois, P. (2003) 'Perturbing a dynamic order: Dynamic systems theory and clinical application,' Pre-published paper.

Dysart, D. (1977) 'Transference cure and narcissism,' *Journal of the American Academy of Psychoanalysis and Dynamic Psychiatry* 5: 17–29.

Eagle, M. (2003) 'The postmodern turn in psychoanalysis: A critique,' *Psychoanalytic Psychology* 20: 411–424.

Edelman, G. (1992) *Bright Air, Brilliant Fire*, New York: Basic Books.

Ehrenberg, D. B. (1992) *The Intimate Edge: Extending the Reach of Psychoanalytic Interaction*, New York: W. W. Norton.

Einstein, A. (1949) 'Autobiographical note.' In P. A. Schilpp (Ed.), *Albert Einstein: Philosopher–Scientist*. Evanston, Ill.: Open Court.

Emde, R. N. (1988) 'Development terminable and interminable: I. Innate and motivational factors from infancy.' *International Journal of Psycho-Analysis* 69: 23–42.

English, O. S. and Pearson, H. J. (1937) *Common Neuroses of Children and Adults*, New York: Norton.

Epstein, L. and Feiner, A. H. (1979) 'Countertransference: the therapist's contribution to treatment,' *Contemporary Psychoanalysis* 15, 3: 489–513.

Fairburn, W. D. (1958) 'On the nature and aims of psycho-analytical treatment,' *International Journal of Psycho-Analysis*, 39: 374–385.

Falk, D. (2012) Could the Internet ever "wake up?" *Slate: Future Tense*.

Ferenczi, S. (1928) 'The elasticity of psycho-analytic technique.' In S. Ferenczi (Ed.), *Final Contributions to the Problems and Methods of Psycho-Analysis*, New York: Brunner/Mazel.

Ferenczi, S. (1955) *Final Contributions to the Problems and Methods of Psychoanalysis*, New York: Basic Books.

Field, N. (1991) 'Projective identification: mechanism or mystery?' *Journal of Analytic Psychology* 36: 93–109.

Fliess, R. (1942) 'The metapsychology of the analyst,' *Psychoanalytic Quarterly* 11: 211–227.

Fonagy, P. and Target, M. (1996) 'Playing with reality: I. Theory of mind and the normal development of psychic reality,' *International Journal of Psycho-Analysis* 77: 217–233.

Fonagy, P., Gergely, G., Jurist, E., and Target, M. (2002) *Affect Regulation, Mentalization and the Development of the Self*, New York: Other Books.

Fosshage, J. L. (1992) 'Self psychology: The self and its vicissitudes within a relational matrix.' In N. J. Skolnick and S. C. Warshaw (Eds.), *Relational Perspectives in Psychoanalysis*, Hillsdale, NJ: Analytic Press.

Fosshage, J. L. (1995) 'Toward a model of psychoanalytic supervision from a self psychological/intersubjective perspective.' In M. Rock (Ed.), *Psychodynamic*

Supervision: Issues for the Supervisor and Supervisee, Northvale, NJ: Jason Aronson.

Fosshage, J. L. (2003) 'Contextualizing self psychology and relational psychoanalysis: Bi-directional influence and proposed syntheses,' *Contemporary Psychoanalysis* 39: 411–448.

Fosshage, J. L. (2005) 'The explicit and implicit domains in psychoanalytic change,' *Psychoanalytic Inquiry* 25: 516–539.

Foucault, M. (1977) *Discipline and Punish: The Birth of the Prison*, trans. A. Sheridan, London, UK: Allen Lane, Penguin.

Frank, K. A. (1997) 'The role of the analyst's inadvertent self-revelations,' *Psychoanalytic Dialogues* 7: 281–314.

Frank, K. A. (2012) 'Strangers to ourselves: Exploring the limits and potentials of the analyst's self awareness in self- and mutual analysis,' *Psychoanalytic Dialogues* 22: 311–327.

Freeman, W. J. (1995) *Society of Brains: A Study in the Neuroscience of Love and Hate*, Hillsdale, NJ: Lawrence Erlbaum Associates.

Freud, A. (1976) 'Changes in Psychoanalytic Practice and Experience,' *International Journal of Psycho-Analysis* 57: 257–260.

Freud, S. (1893) 'The psychotherapy of hysteria from studies on hysteria.' In J. Strachey (Ed. and trans.), *The Standard Edition of the Complete Psychological Works of Sigmund Freud* (vol. 2), New York: W. W. Norton.

Freud, S. (1910a) 'The future prospects of psycho-analytic therapy.' In J. Strachey (Ed. and trans.), *The Standard Edition of the Complete Psychological Works of Sigmund Freud* (vol. 11), New York: W. W. Norton.

Freud, S. (1910b) '"Wild" psycho-analysis.' In J. Strachey (Ed. and trans.), *The Standard Edition of the Complete Psychological Works of Sigmund Freud* (vol. 1), New York: W. W. Norton.

Freud, S. (1912) 'Recommendations to physicians practising psycho-analysis.' In J. Strachey (Ed. and trans.), *The Standard Edition of the Complete Psychological Works of Sigmund Freud* (vol. 12), New York: W. W. Norton.

Freud, S. (1913a) 'The disposition to obsessional neurosis.' In J. Strachey (Ed. and trans.), *The Standard Edition of the Complete Psychological Works of Sigmund Freud* (vol. 12), New York: W. W. Norton.

Freud, S. (1913b) 'On beginning the treatment (further recommendations on the technique of psycho-analysis I).' In J. Strachey (Ed. and trans.), *The Standard Edition of the Complete Psychological Works of Sigmund Freud* (vol. 12), New York: W. W. Norton.

Freud, S. (1914) 'Observations on transference-love.' In J. Strachey (Ed. and trans.), *The Standard Edition of the Complete Psychological Works of Sigmund Freud* (vol. 12), New York: W. W. Norton.

Freud, S. (1919) 'Lines of advance in psycho-analytic therapy.' In J. Strachey (Ed. and trans.), *The Standard Edition of the Complete Psychological Works of Sigmund Freud* (vol. 17), New York: W. W. Norton.

Freud, S. (1933) 'New introductory lectures on psycho-analysis.' In J. Strachey (Ed. and trans.), *The Standard Edition of the Complete Psychological Works of Sigmund Freud* (vol. 22), New York: W. W. Norton.

Freud, S. (1937) 'Analysis terminable and interminable.' In J. Strachey (Ed. and trans.), *The Standard Edition of the Complete Psychological Works of Sigmund Freud* (vol. 23), New York: W. W. Norton.

Freud, S. (1981a) 'Analysis terminable and interminable.' In J. Strachey (Ed. and trans.), *The Standard Edition of the Complete Psychological Works of Sigmund Freud* (vol. 23). London, UK: Hogarth. (Original work published 1937)

Freud, S. (1981b) 'The disposition to obsessional neurosis.' In J. Strachey (Ed. and trans.), *The Standard Edition of the Complete Psychological Works of Sigmund Freud* (vol. 12). London, UK: Hogarth. (Original work published 1913)

Freud, S. (1981c) 'The future prospects of psycho-analytic therapy.' In J. Strachey (Ed. and trans.), *The Standard Edition of the Complete Psychological Works of Sigmund Freud* (vol. 11). London: Hogarth. (Original work published 1910)

Freud, S. (1981d) 'Recommendations to physicians practising psycho-analysis.' In J. Strachey (Ed and trans.), *The Standard Edition of the Complete Psychological Works of Sigmund Freud* (vol. 12). London, UK: Hogarth. (Original work published 1912)

Frie, R. (1997) *Subjectivity and Intersubjectivity in Modern Philosophy and Psychoanalysis*, New York: Rowman and Littlefield.

Frie, R. (2003) 'Introduction: Between modernism and postmodernism: rethinking psychological agency.' In R. Frie (Ed.), *Understanding Experience: Psychotherapy and Postmodernism*, New York: Routledge.

Frie, R. (2010) 'Compassion, dialogue, and context: On understanding the other,' *International Journal of Psychoanalytic Self Psychology* 5: 451–466.

Frie, R. (2011) 'Culture and context: From individualism to situated experience,' In R. Frie and W. J. Coburn (Eds.), *Persons in Context: The Challenge of Individuality in Theory and Practice,* New York: Routledge.

Frie, R. and Coburn, W. J. (2011) *Persons in Context: The Challenge of Individuality in Theory and Practice*, New York: Routledge.

Frie, R. and Orange, D. (eds.) *Beyond Postmodernism: New Dimensions in Clinical Theory and Practice*, New York: Routledge.

Friedman, L. (1978) 'Trends in the psychoanalytic theory of treatment,' *The Psychoanalytic Quarterly* 47: 524–567.

Friedman, L. (1982) 'The humanistic trend in recent psychoanalytic theory,' *Psychoanalytic Quarterly* 51: 353–371.

Friedman, L. (1988) *The Anatomy of Psychotherapy*, Hillsdale, NJ: The Analytic Press.

Friedman, L. (2005) 'Psychoanalytic treatment: Thick soup or thin gruel?' *Psychoanalytic Inquiry* 25: 418–439.

Gabbard, G. O. and Westen, D. (2003) 'Rethinking therapeutic action,' *International Journal of Psycho-Analysis* 84: 823–841.

Gadamer, H.-G. (1991) *Truth and Method*, 2nd ed., trans. J. Weinsheimer and D. Marshall, New York: Crossroad.

Galatzer-Levy, R. (1978) 'Qualitative change from quantitative change: Mathematical catastrophe theory in relation to psychoanalysis,' *Journal of the American Psychoanalytic Association* 26: 921–935.

Gedo, J. (1999) *The Evolution of Psychoanalysis*, New York: Other Press.

Gell-Mann, M. (1994) *The Quark and the Jaguar: Adventures in the Simple and the Complex*, New York: W. H. Freeman.

Gentile, J. (2007) 'Wrestling with matter: Origins of intersubjectivity,' *Psychoanalytic Quarterly* 76: 547–582.

Gentile, J. (2008) 'Between private and public: Towards a conception of the transitional subject,' *International Journal of Psycho-Analysis* 89: 959–976.

Gentile, J. (2010) 'Weeds on the ruins: Agency, compromise formation, and the quest for intersubjective truth,' *Psychoanalytic Dialogues* 20: 88–109.

Ghent, E. (1990) 'Masochism, submission, surrender—masochism as a perversion of surrender,' *Contemporary Psychoanalysis* 26: 108–136.

Ghent, E. (2002) 'Wish, need, drive,' *Psychoanalytic Dialogues* 12: 763–808.

Gill, M. (1983) 'The interpersonal paradigm and the degree of the therapist's involvement,' *Contemporary Psychoanalysis* 19, 2: 202–237.

Gill, M. (1984) 'Transference: A change in conception or only in emphasis?' *Psychoanalytic Inquiry* 4: 489–523.

Glover, E. (1937) 'Symposium on the theory of the therapeutic results of psycho-analysis,' *International Journal of Psycho-Analysis* 18: 125–189.

Godwin, R. (1991) 'Wilfred Bion and David Bohm: Toward a quantum metapsychology,' *Psychoanalysis and Contemporary Thought* 14, 4: 625–654.

Goldberg, A. L. and Rigney, D. R. (1998) 'Sudden death is not chaos.' In S. Krasner (Ed.), *The Ubiquity of Chaos*, Washington, DC: American Association for the Advancement of Science.

Goldstein, J. (1996) 'Causality and emergence in chaos and complexity theories.' In W. Sulis (Ed.), *Nonlinear Dynamics and Human Behavior*, Singapore: World Scientific Publishing.

Greenberg, J. R. (1981) 'Prescription or description: The therapeutic action of psychoanalysis,' *Contemporary Psychoanalysis* 17: 239–257.

Grinberg, L. (1962) 'On a specific aspect of countertransference due to the patient's projective identification,' *International Journal of Psycho-Analysis* 43: 436–440.

Grotstein, J. S. (1977) *Splitting and Projective Identification*, New York: Jason Aronson.

Grotstein, J. S. (1995) 'Projective identification reappraised—projective identification, introjective identification, the transference/countertransference neurosis/psychosis, and their consummate expression in the crucifixion, the pietà, and "therapeutic Exorcism," part II: The countertransference complex,' *Contemporary Psychoanalysis* 31: 479–511.

Grotstein, J. S. (2007) 'On: projective identification,' *International Journal of Psycho-Analysis* 88: 1289–1290.

Grotstein, J. S. (2009a) *But at the Same Time and on Another Level: Vol. 1: Psychoanalytic Theory and Technique in the Kleinian/Bionian Mode*, London, UK: Karnac Books.

Grotstein, J. S. (2009b) *But at the Same Time and on Another Level: Vol. 2: Clinical Applications in the Kleinian/Bionian Mode,* London, UK: Karnac Books.

Hacking, I. (1999) *The Social Construction of What?* Cambridge, MA: Harvard University Press.

Harris, J. F. (1992) *Against Relativism: A Philosophical Defense of Method*, La Salle, IL: Open Court.

Harris, A. (2005) *Gender as Soft Assembly*, Hillsdale, NJ: Analytic Press.
Heidegger, M. (1962) *Being and Time*, trans. J. Macquarrie and E. Robinson, New York: Harper and Row. (Original work published 1927)
Heimann, P. (1950) 'On countertransference,' *International Journal of Psycho-Analysis* 31: 81–84.
Heisenberg, W. (1958) *Physics and Philosophy: The Revolution in Modern Science*, New York: Harper and Row.
Hinshelwood, R. D. (1982) 'Review of "Living Groups: Group Psychotherapy and General System Theory,"' *International Journal of Psycho-Analysis* 63: 497–500.
Hoffman, I. Z. (1994) 'Dialectical thinking and therapeutic action in the psychoanalytic process,' *Psychoanalytic Quarterly* 63: 187–218.
Hoffman, I. Z. (1998) *Ritual and Spontaneity in the Psychoanalytic Process: A Dialectical-Constructivist View*, New York: Routledge.
Hoffman, I. Z. (2009) 'Therapeutic passion in the countertransference,' *Psychoanalytic Dialogues* 19: 617–637.
Holt, J. (2012) *Why Does the World Exist? An Existential Detective Story*, New York: Liveright.
James, H. (1881, 2008) *The Portrait of a Lady*, Volume 1 (of 2), Gutenberg EBook #2833, Produced by Eve Sobol and David Widger, Project Gutenberg.
Kauffman, S. A. (1995) *At Home in the Universe: The Search for Laws of Self-Organization and Complexity*, New York: Oxford University Press.
Keats, J. (1899) *The Complete Poetical Works and Letters of John Keats, Cambridge ed.* Boston, MA: Houghton, Mifflin and Company.
Kellert, S. H. (1993) *In the Wake of Chaos*, Chicago, IL: University of Chicago Press.
Kelso, J. A. S. (1995) *Dynamic Patterns: The Self-organization of Brain and Behavior*, Cambridge, MA: MIT Press.
Kepes, G. (1965) *Structure in Art and Science*, New York: Vision and Values Series.
Kernberg, O. F. (1976) *Object Relations Theory and Clinical Psychoanalysis*. New York: Jason Aronson.
Kernberg, O. F. (1984) *Severe Personality Disorders: Psychotherapeutic Strategies*, New Haven, CT: Yale University Press.
Kernberg, O. F. (1987) 'Projection and projective identification: Developmental and clinical aspects,' *Journal of the American Psychoanalytic Association* 35: 795–819.
Klein, M. (1946) 'Notes on some schizoid mechanisms,' *International Journal of Psycho-Analysis* 27: 99–110.
Knoblauch, S. (2000) *The Musical Edge of Therapeutic Dialogue*, Hillsdale, NJ: The Analytic Press.
Kohut, H. (1959) 'Introspection, empathy, and psychoanalysis—an examination of the relationship between mode of observation and theory,' *Journal of the American Psychoanalytic Association* 7: 459–483.
Kohut, H. (1971) *The Analysis of the Self*, Madison, CT: International Universities Press.
Kohut, H. (1977) *The Restoration of the Self*, New York: International Universities Press.
Kohut, H. (1982) Introspection, empathy, and the semi-circle of mental health: An examination of the relationship between mode of observation and theory. *International*

Journal of Psycho-Analysis 63: 395–407.

Kohut, H. (1984) *How Does Analysis Cure?* Chicago, IL: University of Chicago Press.

Krakauer, D. (2009) *Complex Adaptive Systems and Childish Wonder: A Conversation with David Krakauer*. Retrieved from http://thesciencenetwork.org/programs/ santa-fe-institute-2009/david-krakauer

Kuhn, T. S. (1962) *The Structure of Scientific Revolutions* (3rd ed.), Chicago, IL: University of Chicago Press.

Lachmann, F. M. (2000) *Transforming Aggression: Psychotherapy with the Difficult-to-Treat Patient*, Northvale, NJ: Jason Aronson.

Lachmann, F. M. (2008) *Transforming Narcissism: Reflections on Empathy, Humor, and Expectations*, Northvale, NJ: Jason Aronson.

Laszlo, E. (1972) *Introduction to Systems Philosophy: Toward a New Paradigm of Contemporary Thought*, New York: Gordon and Breach, Science Publishers.

Lear, J. (2007) 'Working through the end of civilization,' *International Journal of Psycho-Analysis* 88: 291–308.

Levenson, E. A. (2003) 'On seeing what is said: Visual aids to the psychoanalytic process,' *Contemporary Psychoanalysis* 39: 233–249.

Lichtenberg, J. (2008) 'The (and this) analyst's intentions,' *Psychoanalytic Review* 95, 711–727.

Lichtenberg, J. D., Lachmann, F. M., and Fosshage, J. L. (1992) *Self and Motivational Systems: Toward a Theory of Psychoanalytic Technique*, Hillsdale, NJ: Analytic Press.

Lichtenberg, J. D., Lachmann, F. M., and Fosshage, J. L. (1996) *The Clinical Exchange: Techniques Derived from Self and Motivational Systems*, Hillsdale, NJ: The Analytic Press.

Lichtenberg, J. D., Lachmann, F. M., and Fosshage, J. L. (2002) *A Spirit of Inquiry: Communication in Psychoanalysis*, Hillsdale, NJ: The Analytic Press.

Lichtenberg, J. D., Lachmann, F. M., and Fosshage, J. L. (2011) *Psychoanalysis and Motivational Systems: A New Look*, New York: Routledge.

Little, M. (1951) 'Countertransference and the patient's response to it,' *International Journal of Psycho-Analysis* 32: 32–40.

Loewald, H. W. (1960) 'On the therapeutic action of psycho-analysis,' *The International Journal of Psychoanalysis* 41: 16–33.

Loewald, H. W. (1972) 'The experience of time,' *Psychoanalytic Study of the Child* 27: 401–410.

Lorenz, E. N. (1963, March) 'Deterministic nonperiodic flow,' *Journal of the Atmospheric Sciences* 20, 2: 130–141.

Lorenz, E. N. (1993) *The Essence of Chaos*, Seattle, WA: University of Washington Press.

Lyons-Ruth, K. (1999) 'The two-person unconscious: Intersubjective dialogue, enactive relational representation, and the emergence of new forms of relational organization,' *Psychoanalytic Inquiry*, 19: 576–617.

Lyotard, J. F. (1984) *The Postmodern Condition: A Report on Knowledge*, Minneapolis, MN: University of Minnesota Press.

Magid, B. (2002) *Ordinary Mind: Exploring the Common Ground of Zen and Psychotherapy*, Boston, MA: Wisdom.

Main, M. (1993) 'Discourse, prediction, and recent studies in attachment: Implications for psychoanalysis,' *Journal of the American Psychoanalytic Association* 41S: 209–244.

Main, M., Kaplan, N., and Cassidy, J. (1985) 'Security in infancy, childhood, and adulthood: A move to the level of representation,' *Monographs of the Society for Research in Child Development* 50: 66–104.

Malin, A. (1966) 'Projective identification in the therapeutic process,' *International Journal of Psycho-Analysis* 47: 26–31.

Mandel, A. J. and Selz, K. A. (1996) 'Nonlinear dynamical patterns as personality theory for neurobiology and psychoanalysis,' *Psychiatry* 58: 371–390.

Mandelbrot, B. B. (1982) *The Fractal Geometry of Nature*, San Francisco, CA: W. H. Freeman.

Marks-Tarlow, T. (2011) 'Merging and emerging: A nonlinear portrait of intersubjectivity during psychotherapy,' *Psychoanalytic Dialogues* 21: 110–127.

Masler, D. (forthcoming) 'The self of the field and the work of Donnel Stern,' PsyD dissertation, Antioch University.

Mayer, E. L. (1996) 'Subjectivity and intersubjectivity of clinical facts,' *International Journal of Psycho-Analysis* 77: 707–737.

Mead, M. (1942) *And Keep Your Powder Dry: An Anthropologist Looks at America*, New York: Morrow.

Mendelsohn, R. (2011) 'Projective identification and countertransference in borderline couples,' *Psychoanalytic Review*, 98: 375–399.

Merleau-Ponty, M. (1968) *The Visible and the Invisible*, trans. A. Lingis, Evanston, IL: Northwestern University Press.

Merleau-Ponty, M. (2002) *Phenomenology of Perception,* trans. C. Smith, London, UK: Routledge. (Original work published 1945)

Miller, M. L. (1999) 'Chaos, complexity and psychoanalysis,' *Psychoanalytic Psychology* 16: 355–379.

Mills, J. (2000) 'Hegel on projective identification: Implications for Klein, Bion, and beyond,' *Psychoanalytic Review* 87: 841–874.

Mitchell, S. A. (1988) 'Relational Concepts in Psychoanalysis: An Integration,' Cambridge, MA: Harvard University Press.

Mitchell, S. A. (1993) *Hope and Dread in Psychoanalysis*, New York: Basic Books.

Mitchell, S. A. (1996) 'Introduction,' *Psychoanalytic Dialogues*, 6: 151–153.

Mitchell, S. A. (1997) *Influence and Autonomy in Psychoanalysis*, Hillsdale, NJ: The Analytic Press.

Mitchell, S. A. (2000) *Relationality: From Attachment to Intersubjectivity*, Hillsdale, NJ: The Analytic Press.

Mollon, P. (1989) 'Anxiety, supervision and a space for thinking: Some narcissistic perils for clinical psychologists in learning psychotherapy,' *British Journal of Medical Psychology* 62: 113–122.

Molnar, F. (2005) *The Paul Street Boys*, trans. L. Rittenberg, Budapest: Corvina. (Original work published 1906).

Monty Python's Life of Brian. (1979) motion picture, HandMade Films, distributed by Warner Bros., USA.

Moran, M. G. (1991) 'Chaos theory and psychoanalysis: The fluidic nature of the mind,' *International Review of Psycho-Analysis* 18: 211–221.
Nabokov, V. (1955) *Lolita*, New York: Berkley Medallion Books.
Nagel, T. (1986) *The View from Nowhere*, Oxford, UK: Oxford University Press.
Ogden, T. H. (1979) 'On projective identification,' *International Journal of Psycho-Analysis* 60: 357–373.
Ogden, T. H. (1994) 'The analytic third: working with intersubjective clinical facts,' *International Journal of Psycho-Analysis* 75: 3–19.
Orange, D. M. (1992) 'Subjectivism, relativism, and realism in psychoanalysis,' *Progress in Self Psychology* 8: 189–197.
Orange, D. M. (1993) 'Countertransference, empathy, and the hermeneutical circle.' In A. Goldberg (Ed.), *The Widening Scope of Self Psychology*, Hillsdale, NJ: Analytic Press.
Orange, D. M. (1995) *Emotional Understanding: Studies in Psychoanalytic Epistemology*, New York: Guilford Press.
Orange, D. M. (2001) 'From Cartesian minds to experiential worlds in psychoanalysis,' *Psychoanalytic Psychology* 18: 287–302.
Orange, D. M. (2002) 'There is no outside: Empathy and authenticity in psychoanalytic process,' *Psychoanalytic Psychology* 19: 686–700.
Orange, D. M. (2003a) 'Antidotes and alternatives: Perspectival realism and the new reductionisms,' *Psychoanalytic Psychology* 20: 472–486.
Orange, D. M. (2003b) 'Why language matters to psychoanalysis,' *Psychoanalytic Dialogues* 13, 1: 77–103.
Orange, D. M. (2006) 'For whom the bell tolls: Context, complexity, and compassion in psychoanalysis,' *International Journal of Psychoanalytic Self Psychology* 1, 1: 5–22.
Orange, D. M. (2008) 'Recognition as: Intersubjective vulnerability in the psychoanalytic dialogue,' *International Journal of Psychoanalytic Self Psychology* 3: 178–194.
Orange, D. M. (2009) 'Kohut memorial lecture: attitudes, values and intersubjective vulnerability,' *International Journal of Psychoanalytic Self Psychology* 4, 2: 235–253.
Orange, D. M. (2011) *The Suffering Stranger: Hermeneutics for Everyday Clinical Practice*, New York: Routledge/Taylor and Francis.
Orange, D. M., Atwood, G. E., and Stolorow, R. D. (1997) *Working Intersubjectively: Contextualism In Psychoanalytic Practice*, Hillsdale, NJ: Analytic Press.
Orr, D. (1954) 'Transference and countertransference: A historical survey,' *Journal of the American Psychoanalytic Association* 2: 621–670.
Palombo, S. R. (1999) *The Emergent Ego: Complexity and Coevolution in the Psychoanalytic Process*. Madison, CT: International Universities Press.
Percus, A., Istrate, G., and Moore, C. (Eds.) (2005) *Computational Complexity and Statistical Physics*, New York: Oxford University Press.
Phillips, A. (1998) *The Beast in the Nursery: On Curiosity and Other Appetites*, New York: Vintage.
Phillips, A. (1999) *Darwin's Worms: On Life Stories and Death Stories*, New York: Vintage.
Pickles, J. (2006) 'A systems sensibility: commentary on Judith Teicholz's "Qualities of Engagement and the Analyst's Theory,"' *International Journal of Psychoanalytic Self Psychology* 1, 3: 301–316.

Pickles, J. and Coburn, W. (2008) 'Introduction,' *International Journal of Psychoanalytic Self Psychology* 3, 1: 125.

Piers, C. (2000) 'Character as self-organizing complexity,' *Psychoanalysis and Contemporary Thought* 23: 3–34.

Piers, C. (2005) 'The mind's multiplicity and continuity,' *Psychoanalytic Dialogues* 15, 2: 229–254.

Pizer, S. A. (1996) 'The distributed self: Introduction to symposium On "The Multiplicity of Self and Analytic Technique,"' *Contemporary Psychoanalysis* 32: 499–507.

Pizer, S. A. (1998) *Building Bridges: The Negotiation of Paradox in Psychoanalysis*, New York: Routledge.

Poincaré, L. and Guillaume, C. É. (1900) *Rapports Présentés au Congrès International de Physique Réuni à Paris en 1900 sous les Auspices de la Société Française de Physique*. Paris, Gauthier-Villars.

Preston, L. (2008) 'The edge of awareness: Gendlin's contribution to explorations of implicit experience,' *International Journal of Psychoanalytic Self Psychology* 3: 347–369.

Prigogine, I. (1996) *The End of Certainty*, New York: Free Press.

Prigogine, I. and J. Holte (1993) *Chaos: The New Science* (Nobel Conference XXVI). St. Peter, MN: Gustavus Adolphus College.

Proust, M. (2003) *Swann's Way*, New York: Viking Penguin.

Rabin, H. M. (1995) 'The liberating effect on the analyst of the paradigm shift in psychoanalysis,' *Psychoanalytic Psychology* 12: 467–481.

Racker, H. (1968) *Transference and Counter-transference*, New York: International Universities Press.

Ramsey, F. P. (1990) *Philosophical Papers*, ed. D. H. Mellor, Cambridge, UK: Cambridge University Press.

Reich, W. (1945) *Character Analysis* (3rd ed.), New York: Simon and Schuster.

Reik, T. (1948) 'The surprised psychoanalyst.' In B. Wolstein (Ed.), *Essential Papers on Countertransference*, New York: New York University Press.

Renik, O. (1980) 'International Journal of Psychoanalytic Psychotherapy, VII, 1978–1979: Projective identification and maternal impingement, Darius Ornston, pp. 508–532' *Psychoanalytic Quarterly* 49: 551–552.

Ricci, M., Trigault, N., et al. (1622) *Entrata nella China de' della Compagnia del Gesv*. Naples: Lazzaro Scoriggio.

Ringstrom, P. A. (2001) 'Cultivating the improvisational in psychoanalytic treatment,' *Psychoanalytic Dialogues* 11: 727–754.

Rumelhart, D. and McClelland, J. (1986) *Parallel Distributed Processing: Explorations in the Microstructure of Cognition* (vol. 1), Cambridge, MA: MIT Press.

Russell, B. (1966) 'The Philosophy of Logical Atomism'. In R. C. Marsh (ed.), *Logic and Knowledge: Essays 1901–1950*. London: George Allen & Unwin Ltd. (Original work published 1918).

Sander, L. W. (1977) 'The regulation of exchange in the infant–caretaker system and some aspects of the context–content relationship.' In M. Lewis and L. Rosenblum (Eds.), *Interaction, Conversation, and the Development of Language*, New York: Wiley.

Sander, L. W. (1985) 'Toward a logic of organization in psychobiological development.' In K. Klar and L. Siever (Eds.), *Biologic Response Styles: Clinical Implications*, Washington, DC: American Psychiatric Press.

Sander, L. W. (1992) 'Countertransference,' *International Journal of Psycho-Analysis* 73: 582–584.

Sander, L. W. (2002) 'Thinking differently,' *Psychoanalytic Dialogues* 12: 11–42.

Sander, L. W. (1988) 'The event-structure of regulation in the neonate-caregiver system as a biological background for early organization of psychic structure,' *Progress in Self Psychology* 3: 64–77.

Sandler, J. (1976) 'Countertransference and role-responsiveness,' *International Review of Psycho-Analysis* 3: 43–47.

Sands, S. (1997) 'Self psychology and projective identification—wither shall they meet?' *Psychoanalytic Dialogues* 7, 5: 651–668.

Sartre, J.-P. (1948) *Being and Nothingness*, trans. H. E. Barnes, New York: Philosophical Library.

Sashin, J. I. and Callahan, J. (1990) 'A model of affect using dynamical systems,' *Annual of Psychoanalysis* 18: 213–231.

Schafer, R. (1983) *The Analytic Attitude*, New York: Basic Books.

Scharff, D. E. (2000) 'Fairbairn and the self as an organized system,' *Canadian Journal of Psychoanalysis* 8: 181–195.

Searle, J. R. and Vanderveken, D. (1985) *Foundations of Illocutionary Logic*, Cambridge, UK: Cambridge University Press.

Searles, H. F. (1965) *Collected Papers on Schizophrenia and Related Subjects*, New York: International Universities Press.

Searles, H. F. (1979) *Countertransference and Related Subjects*, New York: International Universities Press.

Seligman, S. (1999) 'Integrating Kleinian theory and intersubjective infant research: Observing projective identification,' *Psychoanalytic Dialogues* 9: 129–159.

Seligman, S. (2005) 'Dynamic systems theories as a metaframework for psychoanalysis,' *Psychoanalytic Dialogues* 15, 2: 285–319.

Seligman, S. (2012) 'The baby out of the bathwater: Microseconds, psychic structure, and psychotherapy,' *Psychoanalytic Dialogues* 22: 499–509.

Seligman, S. and Shanok, R.S. (1995) 'Subjectivity, complexity and the social world: Erikson's identity concept and contemporary relational theories,' *Psychoanalytic Dialogues* 5: 537–565.

Shane, E. (2006) 'Developmental systems self psychology,' *International Journal of Psychoanalytic Self Psychology* 1: 23–45.

Shane, E. (2007) 'How does analysis cure? Understanding the complexities of the therapeutic process through pluralistic dialogue: an integrative overview and summary of "Finding Renee (A Clinical Symposium in Four Parts),"' *International Journal of Psychoanalytic Self Psychology* 2: 131–146.

Shane E. & Carlton, L. (2009). *From the Bottom up: How a Brain-Based Psychoanalytic Theory Contributes to Relational Understanding of Memory*. Paper delivered at the 2009 Annual IARPP Conference, Tel Aviv, Israel.

Shane, E. and Coburn, W. J. (2002) 'Prologue,' *Psychoanalytic Inquiry* 22: 653–654.
Shane, M., Shane, E. and Gales, M. (1997) *Intimate Attachments: Toward a New Self Psychology*, New York: Guilford.
Shapiro, D. (2000) *Dynamics of Character*, New York: Basic Books.
Slavin, M. O. (1996) 'Is one self enough? Multiplicity in self-organization and the capacity to negotiate relational conflict,' *Contemporary Psychoanalysis* 32: 615–625.
Slochower, J. (1996) 'Holding and the fate of the analyst's subjectivity,' *Psychoanalytic Dialogues* 6: 323–353.
Sperry, M. (2011) 'This better be good! complex systems and the dread of influence,' *International Journal of Psychoanalytic Self Psychology* 6: 74–98.
Spruiell, V. (1993) 'Deterministic chaos and the sciences of complexity: Psychoanalysis in the midst of a general scientific revolution,' *Journal of the American Psychoanalytic Association* 41: 3–44.
Steinberg, M. C. (2006) 'Language, the medium of change: The implicit in the talking cure,' Pre-published paper.
Stern, A. (1924) 'On the counter-transference in psychoanalysis,' *Psychoanalytic Review* 11: 166–174.
Stern, D. B. (1997) *Unformulated Experience: From Dissociation to Imagination in Psychoanalysis*. Hillsdale, NJ: The Analytic Press.
Stern, D. B. (2012) 'Implicit theories of technique and the values that inspire them,' Psychoanalytic Inquiry, 32: 33–49.
Stern, D. N. (1985) *The Interpersonal World of the Infant*, New York: Basic Books.
Stern, D. N. (2004) *The Present Moment in Psychotherapy and Everyday Life*, New York: W. W. Norton.
Stern, D. N., Sander, L., Nahum, J., Harrison, A., Lyons-Ruth, K., Morgan, A., Bruschweilerstern, N., and Tronik, E. (1998) 'Non-interpretive mechanisms in psychoanalytic therapy: The 'something more' than interpretation,' *International Journal of Psychoanalysis* 79: 903–921.
Stolorow, R. D. (1994) 'The nature and therapeutic action of psychoanalytic interpretation.' In R. Stolorow. G. Atwood, and B. Brandchaft (Eds.), *The Intersubjective Perspective*, Northvale, NJ: Aronson.
Stolorow, R. D. (1995) 'An intersubjective view of self psychology,' *Psychoanalytic Dialogues* 5: 393–399.
Stolorow, R. D. (1997) 'Dynamic, dyadic, intersubjective systems: An evolving paradigm for psychoanalysis,' *Psychoanalytic Psychology* 14: 337–364.
Stolorow, R. D. (2007) *Trauma and Human Existence: Autobiographical, Psychoanalytic and Philosophical Reflections*, New York: The Analytic Press.
Stolorow, R. D. (2012, May 25) 'Ode to a Besserwisser,' [Web log post].
Stolorow, R. D. and Atwood, G. E. (1979) *Faces in a Cloud: Subjectivity in Personality Theory* (1st ed.). Northvale, NJ: Jason Aronson.
Stolorow, R. D. and Atwood, G. E. (1992) *Contexts of Being: The Intersubjective Foundations of Psychological Life*, Hillsdale, NJ: Analytic Press.
Stolorow, R. D. and Atwood, G. E. (1993) *Faces in a Cloud: Intersubjectivity in Personality Theory* (2nd ed.), Northvale, NJ: Jason Aronson.

Stolorow, R. D. and Atwood, G. E. (1996) 'The intersubjective perspective,' *Psychoanalytic Review* 83: 181–194.

Stolorow, R. D., Atwood, G. E., and Brandchaft, B. (Eds.) (1994) *The Intersubjective Perspective*, Northvale, NJ: Jason Aronson.

Stolorow, R. D., Atwood, G. E., and Orange, D. M. (1998) 'On psychoanalytic truth,' *International Journal of Psycho-Analysis* 79: 1221.

Stolorow, R. D., Atwood, G. E., and Orange, D. M. (2002) *Worlds of Experience: Interweaving Philosophical and Clinical Dimensions in Psychoanalysis*, New York: Basic Books.

Stolorow, R. D., Atwood, G. E., and Orange, D. M. (2010) 'Heidegger's Nazism and the hypostatization of being,' *International Journal of Psychoanalytic Self Psychology* 5: 429–450.

Stolorow, R. D., Brandchaft, B., and Atwood, G. E. (1987) *Psychoanalytic Treatment: An Intersubjective Approach*, Hillsdale, NJ: Analytic Press.

Stolorow, R. D. and Jacobs, L. (2006) 'Critical reflections on Husserl's phenomenological quest for purity: Implications for gestalt therapy,' *International Gestalt Journal* 29, 2: 43–61.

Stolorow, R. D. and Orange, D. M. (2003) 'Review of "Mistaken Identity: The Mind-Brain Problem Reconsidered" by Leslie Brothers,' *Psychoanalytic Quarterly* 72: 515–518.

Stolorow, R. D., Orange, D. M., and Atwood, G. E. (1998) 'Projective identification begone! Commentary on paper by Susan H. Sands,' *Psychoanalytic Dialogues* 8, 5: 719–725.

Stolorow, R. D., Orange, D. M., and Atwood, G. E. (2001a) 'Cartesian and post-Cartesian trends in relational psychoanalysis,' *Psychoanalytic Psychology* 18: 468–484.

Stolorow, R. D., Orange, D. M., and Atwood, G. E. (2001b) 'World horizons: A post-Cartesian alternative to the Freudian unconscious,' *Contemporary Psychoanalysis* 37: 43–61.

Strenger, C. (1998) 'The desire for self-creation,' *Psychoanalytic Dialogues* 8: 625–655.

Sucharov, M. S. (1994) 'Psychoanalysis, self psychology, and intersubjectivity.' In R. D. Stolorow, G. E. Atwood, and B. Brandchaft (Eds.), *The Intersubjective Perspective*, New York: Jason Aronson.

Sucharov, M. S. (2002) 'Representation and the intrapsychic: Cartesian barriers to empathic contact,' *Psychoanalytic Inquiry* 22, 5: 686–707.

Sullivan, H. S. (1940) *Conceptions in Modern Psychiatry*, New York: W. W. Norton.

Sullivan, H. S. (1962) *Schizophrenia As aHuman Process*, New York: W. W. Norton.

Talking Heads. (1980) 'Once in a lifetime,' on *Remain in Light* [CD]. New York: Warner Bros.

Tansey, M. H. and Burke, W. F. (1985) 'Projective identification and the empathic process—interactional communications,' *Contemporary Psychoanalysis* 21: 42–69.

Taupin, B. and John, E. (1969) 'Your song,' on *Elton John* [CD]. New York: BMI.

Taylor, M. C. (2001) *The Moment of Complexity: Emerging Network Culture*, Chicago, IL: University of Chicago Press.

Thelen, E. (2005) 'Dynamic systems theory and the complexity of change,' *Psychoanalytic Dialogues* 15, 2: 255–283.

Thelen, E. and Smith, L. B. (1994) *A Dynamic Systems Approach to the Development of Cognition and Action*, Cambridge, MA: MIT Press.

Thom, R. (1974) *Modèles Mathématiques de la Morphogenèse: Recueil de Textes sur la*

Théorie des Catastrophes et ses Applications, Paris: Union Général d'Éditions.

Thomson, P. (1991) 'Countertransference in an intersubjective perspective.' In A. Goldberg (Ed.), *The Evolution of Self Psychology*, New York: Analytic Press.

Tolpin, M. (2002) 'Doing psychoanalysis of normal development: Forward edge transferences,' *Progress in Self Psychology* 18: 167–190.

Tolpin, M. (2007) 'The divided self: Shifting an intrapsychic balance the forward edge of a kinship transference: To bleed like everyone else,' *Psychoanalytic Inquiry* 27: 50–65.

Tower, L. E. (1956) 'Countertransference,' *Journal of the American Psychoanalytic Association* 4: 224–255.

Trevarthen, C. (1979) 'Communication and cooperation in early infancy.' In M. Bullowa (Ed.), *Before Speech,* New York: Cambridge University Press.

Tronick, E. Z. (1989) 'Emotions and emotional communication infants,' *American Psychologist* 44: 112–119.

Trop, G., Burke, M., and Trop, J. (2000) 'Contextualism and dynamic systems in psychoanalysis: Rethinking the language of intersubjectivity theory.' Paper presented at the APA Division 39 (Psychoanalysis) Conference, Washington, DC, 2000.

Trop, G., Burke, M., and Trop, J. (2002) 'Thinking dynamically in psychoanalytic theory and practice,' *Progress In Self Psychology* 18: 129–147.

VanDerHeide, N. (2009) 'A dynamic systems view of the transformational process of mirroring,' *International Journal of Psychoanalytic Self Psychology* 4: 432–444.

VanDerHeide, N. (2011) 'The two-way mirror: Response to discussions by Hershberg and Philips,' *International Journal of Psychoanalytic Self Psychology* 6: 67–73.

Varela, F. J., Thompson, E., and Rosch, E. (1991) *The Embodied Mind: Cognitive Science and Human Experience,* Cambridge, MA: MIT Press.

von Bertalanffy, L. (1968) *General Systems Theory*, New York: Braziller.

von Foerster, H. (1981) *Observing Systems*, Seaside, CA: Intersystems.

Waddington, C. H. (1966) *Principles of Development and Differentiation*, New York: Macmillan.

Waddington, C. H. (1977) *Tools for Thought: How to Understand and Apply the Latest Scientific Techniques of Problem Solving*, New York: Basic Books.

Weiner, N. (1948) *Cybernetics: Or Control and Communication in the Animal and the Machine,* Cambridge, MA: Hermann and Cie.

Weisel-Barth, J. (2006) 'Thinking and writing about complexity theory in the clinical setting,' *International Journal of Psychoanalytic Self Psychology* 1, 4: 365–388.

Weiss, J. (1986) 'Unconscious guilt.' In J. Weiss and H. Sampson (Eds.), *The Psychoanalytic Process: Theory, Clinical Observation, and Empirical Research,* New York: Guilford

White, E. B. (1949) *Here Is New York*, New York: Harper & Bros.

Winnicott, D. W. (1949) 'Hate in the counter-transference,' *International Journal of Psycho-Analysis* 30: 69–74.

Winnicott, D. W. (1953) 'Transitional objects and transitional phenomena—a study of the first not-me possession,' *International Journal of Psycho-Analysis* 34: 89–97.

Winnicott, D. W. (1965) *The Maturational Processes and the Facilitating Environment: Studies in the Theory of Emotional Development*, Madison, CT: International Universities Press.

Winnicott, D. W. (1971) *Playing and Reality*, Middlesex, UK: Penguin.

Winnicott, D. W. (1986) *Holding and Interpretation: Fragment of An Analysis*, London, UK: The Hogarth Press and the Institute of Psycho-Analysis.

Wittgenstein, L. (2001) *Philosophical Investigations*, London, UK: Blackwell. (Original work published 1953)

Wolf, E. (1983) 'Empathy and counter-transference.' In A. Goldberg (Ed.), *The Future of Psychoanalysis*, New York: International Universities Press.

Wolf, E. (1996) 'The irrelevance of infant observations for psychoanalysis,' *Journal of the American Psychoanalytic Association* 44: 369–392.

Yglesias, R. (1996) *Dr. Neruda's Cure for Evil*, New York: Warner Books.